医院智慧手术部
建设与运行管理指南
（2025版）

Guidelines for the Construction and Operation Management
of Smart Operating Rooms in Hospitals
(2025 Edition)

中国医院协会
上海申康医院发展中心
同济大学复杂工程管理研究院　编著
苏州大学附属第一医院

同济大学 出版社
TONGJI UNIVERSITY PRESS
·上海·

图书在版编目(CIP)数据

医院智慧手术部建设与运行管理指南：2025版 / 中国医院协会等编著. --上海：同济大学出版社，2025.4. -- ISBN 978-7-5765-1572-5

Ⅰ. TU246.1-62；R197.38-62

中国国家版本馆CIP数据核字第20259FW092号

医院智慧手术部建设与运行管理指南(2025版)

中国医院协会
上海申康医院发展中心
同济大学复杂工程管理研究院　编著
苏州大学附属第一医院

责任编辑　姚烨铭　　**责任校对**　徐逢乔　　**封面设计**　王　翔

出版发行	同济大学出版社　www.tongjipress.com.cn (地址：上海市四平路1239号　邮编：200092　电话：021-65985622)
经　销	全国各地新华书店
排　版	南京文脉图文设计制作有限公司
印　刷	上海安枫印务有限公司
开　本	710mm×1000mm　1/16
印　张	11
字　数	185 000
版　次	2025年4月第1版
印　次	2025年4月第1次印刷
书　号	ISBN 978-7-5765-1572-5
定　价	96.00元

本书若有印装质量问题，请向本社发行部调换　　版权所有　侵权必究

编写单位

编著单位

中国医院协会 上海申康医院发展中心
同济大学复杂工程管理研究院 苏州大学附属第一医院

参编单位

北京市医院管理中心 上海申康医疗卫生建设工程公共服务中心
深圳市医疗卫生专业服务中心 上海市医院协会医院建筑后勤管理专业委员会
北京市医院建筑协会 广东省医院协会医院建筑管理专业委员会
深圳市医院协会医院建筑管理专业委员会
江苏省医院协会医院建筑与规划管理专业委员会
浙江省医院协会医院建筑管理专业委员会
北京大学第一医院 北京大学第三医院
上海市第一人民医院 上海市第六人民医院
四川大学华西医院 复旦大学附属中山医院
复旦大学附属华山医院 上海交通大学医学院附属瑞金医院
上海交通大学医学院附属仁济医院
中国医科大学附属盛京医院 江苏省人民医院
南方医科大学南方医院 苏州爱医斯坦智能科技有限公司
苏州麦迪斯顿医疗科技股份有限公司
武汉华康世纪医疗股份有限公司 江苏达实久信医疗科技有限公司
银翼智迅医疗科技(北京)股份公司
上海益中亘泰(集团)股份有限公司
广东申安建设科技有限公司 上海科瑞建设项目管理有限公司

编委会

主任
张建忠　王　斐　马　进　李永奎　陈　梅

副主任
张永航　宋文超　严　犇　董　杰　马恬蕾

编　委（按姓氏拼音排序）

蔡舒婷	蔡志芳	曹剑钊	曹玲燕	陈　磊	陈　梅	陈　童	陈　音	陈凤君
陈建中	程　明	程思民	戴　星	董　杰	董　军	樊世民	陈　付磊	顾向东
韩艳红	何敬远	胡道涛	黄远湖	李　超	蒋凤昌	金人杰	李　劲	李树强
李永奎	李跃华	林子滔	刘　霞	刘　玥	刘露萍	刘明强	刘巍峰	刘晓丹
刘学勇	刘亚军	吕晋栋	马　进	马恬蕾	梅国江	倪顺康	邱宏宇	邵晓燕
沈柏用	石蔚人	宋文超	谭西平	陶　蓉	王　斐	王　悍	王　岚	王洪军
王振荣	魏建军	文雄武	吴璐璐	夏　云	肖晓燕	徐　诚	徐同镭	许佳章
严　犇	杨　震	姚　蓁	叶　栋	叶　茂	殷雪群	尤若宁	余　雷	袁俏梅
张　斌	张　深	张朝阳	张鸿丽	张建忠	张优优	张玉彬	张之薇	赵海鹏
赵文凯	周　全	周　晓	朱　根	朱伯强	朱永松			

编写组（按姓氏拼音排序）

曹　彬	曹　华	陈秀梅	董　杰	何　阳	黄远湖	蒋凤昌	李永奎	吕俊荣
吕紫剑	马　进	马恬蕾	潘国忠	沈小康	沈宇杨	施　正	宋文超	孙　燕
孙殿东	王　斐	王沁岳	王镇轩	吴　镝	向雪冰	肖忠辉	严　犇	姚晓东
乂超	尹孟凡	于亚楠	袁芳玲	袁明勇	张　军	张　阳	张建忠	张永航
张志强	赵海波								

评审专家

朱亚东	张　宏	张树军	项海青	张　威	沈崇德	李　迁	曹　海	林　琛
田家政	陈　方	罗　蒙	乐　云	何清华	吴锦华	杨燕军	蔡国强	陈国亮
贾　延	张正锦								

前　言

随着医疗技术的快速发展和信息化建设的不断推进,智慧医院成为现代医院建设的重要组成部分。手术部作为智慧医院中进行手术和抢救患者的关键场所,也是医院的重要技术部门,其建设和运行管理的重要性不言而喻。

目前,国内手术部智慧化建设仍处于探索阶段,存在整体规划与执行标准缺乏、多系统多单位协调困难、预算不足等问题,缺乏能够指导智慧手术部建设与运行管理实践的相关标准指南。为此,中国医院协会组织苏州大学附属第一医院、同济大学复杂工程管理研究院以及相关医院、科研机构、信息技术企业、施工单位和咨询单位等组成编写组,启动《医院智慧手术部建设与运行管理指南(2025版)》的编写工作。编写组在相关循证实践基础上,总结现有经验及发展趋势,经过前期调研、初稿编写、意见征询、评审、完善与报批等一系列工作,最终完成本书的定稿与发布工作。

本书聚焦于智慧手术部的建设与运行管理,旨在为相关机构与人员提供全面的业务指导。首先,对智慧手术部的基础条件建设、主要场景建设和管理平台建设的主要理念、具体功能和建设内容进行介绍。其次,详细探讨了在智慧手术部建设组织过程中可能遇到的难点及其协调机制,以及投入使用后的日常管理、维护升级等关键要点。最后,分析了智慧手术部建设与运行管理的发展趋势,并提供了典型案例参考。

本书主要适用于医疗机构(医院)管理人员、医疗卫生行业管理人员、基本建设工程技术人员、医学工程技术人员、医院信息化技术人员、手术医护人员等,也适用于设计单位、代建单位、全过程咨询单位(或项目管理单位)和施工承包单位等相关人员。

各医疗机构管理单位、医疗机构(医院)或建设单位、代建单位或项目管理单位等,可在本书的基础上,结合地区、医疗机构及项目特点,编制具体的实施方案,以指导和规范智慧手术部建设与运行管理的各项工作,推动智慧手术部的建设与发展。

编写组

2024 年 9 月

目 录

前言

1 绪论
1.1 智慧医院概述　　2
1.2 智慧手术部发展历程　　4
1.3 智慧手术部现状　　6
1.4 智慧手术部建设内容　　15
1.5 智慧手术部建设价值　　19

2 智慧手术部基础条件建设
2.1 建筑与基本装备　　22
2.2 机电系统　　22
2.3 医院网络　　25
2.4 医疗设备　　29
2.5 信息系统　　31

3 智慧手术部场景建设
3.1 手术区　　36
3.2 办公生活区　　52

4 智慧手术部管理平台建设

- 4.1 建设理念及原则　　60
- 4.2 需求分析及平台架构　　62
- 4.3 围术期临床大数据中心　　64
- 4.4 智慧医疗　　71
- 4.5 智慧服务　　78
- 4.6 智慧管理　　80

5 智慧手术部建设组织与管理

- 5.1 工作难点　　94
- 5.2 组织构建　　94
- 5.3 各阶段工作要点　　96
- 5.4 协调机制　　102
- 5.5 建筑信息模型技术应用　　104

6 智慧手术部运行管理

- 6.1 日常使用管理　　108
- 6.2 维护与升级　　117

7 未来展望

- 7.1 人工智能和机器学习的广泛应用　　122
- 7.2 远程医疗与增强现实技术的融合应用　　122
- 7.3 生成式人工智能的多元应用　　123
- 7.4 以患者为中心的个性化医疗　　124
- 7.5 元宇宙技术的多元应用　　124
- 7.6 数字孪生技术的应用　　125
- 7.7 认知模拟在手术培训中的应用　　126
- 7.8 非技术技能与以人为本的理念　　127
- 7.9 数据安全与患者隐私保护　　128

  7.10 医疗设施的互联化与智慧医院建设 128

附录一 缩写对照表 129

附录二 智慧手术部典型案例 131
  案例 A 苏州大学附属第一医院 132
  案例 B 北京大学第一医院（大兴院区） 136
  案例 C 上海交通大学医学院附属仁济医院 139
  案例 D 上海市第六人民医院 142
  案例 E 浙江大学医学院附属第一医院余杭院区 145
  案例 F 武汉市硚口区人民医院 148
  案例 G 南方医院惠侨医疗中心 152
  案例 H 四川大学华西天府医院 154
  案例 I 厦门大学附属心血管病医院 156

附录三 医院智慧化建设相关支持政策 160
  [A] 顶层规划 160
  [B] 专项政策与行动计划 160
  [C] 其他相关政策 161

附录四 智慧手术部场景建设点位预留建议 162

参考文献 164

1

绪　论

1.1　智慧医院概述
1.2　智慧手术部发展历程
1.3　智慧手术部现状
1.4　智慧手术部建设内容
1.5　智慧手术部建设价值

智慧手术部在提升医疗服务质量、保障医疗服务安全和优化资源配置等方面具有重要作用，因此在智慧医院建设中处于核心地位。本章通过阐述和剖析智慧手术部建设的发展历程、现状、内容及价值，归纳智慧手术部建设的总体框架，展现智慧手术部在智慧医院建设中的重要性和巨大潜力。

1.1 智慧医院概述

我国经济已从高速增长阶段转向高质量发展阶段，一方面，人民群众对多层次、多样化医疗健康服务的需求持续增长；另一方面，科技发展速度迅猛，医院正加速从数字化向智慧化转型。

在《中华人民共和国国民经济和社会发展第十四个五年规划和2035年远景目标纲要》《关于推动公立医院高质量发展的意见》《公立医院高质量发展促进行动（2021—2025年）》等国家政策的积极支持和推动下，建设"三位一体"智慧医院，将信息化作为医院基本建设的优先领域，建设电子病历（Electronic Medical Record，EMR）、智慧服务、智慧管理"三位一体"的智慧医院信息系统，已经成为落实医院高质量发展要求的重点行动。

通过"智慧服务""电子病历""智慧管理"建设，建立医疗、服务、管理"三位一体"的智慧医院系统，进一步发挥信息技术在现代医院建设管理中的重要作用，为患者提供更高质量、更高效率和更加安全、更加体贴的医疗服务。以"智慧服务"建设为抓手，进一步提升患者就医体验。针对患者的实际就医需求，推动信息技术与医疗服务深度融合，为患者提供覆盖诊前、诊中、诊后的全流程、个性化、智能化服务。以"电子病历"为核心，进一步夯实智慧医疗的信息化基础。进一步推进以电子病历为核心的医院信息化建设，全面提升临床诊疗工作的智慧化程度。以"智慧管理"建设为手段，进一步提升医院管理精细化水平。逐步建成医疗、服务、管理一体化的智慧医院系统。

智慧医院建设是一项复杂系统工程，需要医院管理层、医务人员、信息技术人员、基本建设人员等多方共同努力。在建设过程中，需要明确建设目标和需求，注重顶层设计、标准体系、基础设施建设等方面,加强医疗数据安全与隐私保护,推动医疗数据共享与互联互通,注重用户体验和服务创新。

智慧医院建设对内服务于患者、医生、护士、药师、技师、财务、后勤服务、管理、科研等医院各类人员,对外衔接协同外部协作医院、互联互通医院,以及国家各级管理部门和系统,可以实现医疗服务全生命周期的信息化支撑。

智慧医院建设可以概括为一个"中心"、两大"体系"、三条"主线"、四大"平面",整体架构如图 1-1 所示。

综合支持与应用平面	决策支持		科研辅助支持		运维管理		应用门户		区域医疗协同		互联网医院		标 准 体 系 、 技 术 规 范 、 业 务 指 南 、 核 心 制 度
医疗服务平面	智慧管理	运营与医疗高效协同	智慧医疗						服务与医疗无缝衔接	智慧服务		信 息 安 全 体 系	
	医务管理 / 护理管理		门急诊电子病历	住院病历书写	护理记录	手术信息管理	移动查房			诊疗预约			
	药事管理 / 院感管理		处方和处置管理	住院医嘱管理	非药品医嘱执行	麻醉信息管理	移动护理			急救衔接			
	财务资产 / 人力资源		合理用药	临床路径管理	药品医嘱执行	检验信息管理	移动药事			信息推送			
	设备耗材 / 后勤管理		挂号分诊	健康宣教管理	输液管理	医学影像管理	移动术前访视			便利服务			
	科研管理 / 教学管理		多学科协作诊疗	随访管理	护理信息提醒	病理信息管理	移动物流			费用支付			
医院信息平面	临床数据中心、管理数据中心、科研数据中心 ⇔ 业务及数据服务、数据访问与存储、业务协同基础、服务接入与管控												
医院信息基础设施平面	基础环境、机电系统、IT软硬件基础、网络设施、信息安全设施等												

图 1-1 智慧医院建设整体架构

一个"中心",即数据中心。数据中心作为医院智慧化的基础,负责收集、存储、处理和分析医院运营过程中产生的各类数据,这些数据包括临床诊疗数据、运营管理数据、科研数据等,是医院进行科学决策和高效运营的重要依据。数据中心的建设实现了医院内部各业务系统的数据共享和协同工作,提高了医院的服务质量和运营效率。

两大"体系",即统一的标准规范体系和信息安全体系。统一的标准规范体系是智慧医院建设的基础性制度规范,对实现医院内部各业务系统之间的互联互通、数据共享和协同工作具有重要意义。信息安全体系是智慧医院建设中不可或缺的重要组成部分,对保护患者隐私、防止医疗数据泄露、确保医疗服务的可靠性和准确性具有重要意义。

三条"主线",即面向智慧服务、智慧医疗、智慧管理三个维度全方位提升智慧化体验。智慧服务以患者为中心,旨在通过信息通信技术的应用,提供更加便捷、高效的医疗服务,从而改善患者的整体就医体验。智慧医疗面向医务人员,以电子病历为核心,通过信息化建设涵盖诊疗全过程,旨在提升医疗质量和服务水平。智慧管理面向医院管理者,通过科技手段提升医院运营效能,降低运营成本,提高患者满意度,促进医院高质量发展。

四大"平面",即医院信息基础设施平面、医院信息平面、医疗服务平面、综合支持与应用平面。四大平面共同构成了智慧医院的技术架构和运营体系,为医院提供了全面的智慧化支持。医院基础设施平面是智慧医院建设的物理基础,包括建筑物、网络设施、医疗设备等多个方面,这些基础设施为智慧医院的运行提供了必要的硬件支持。医院信息平面是智慧医院建设的核心,实现医院内部各业务系统之间的互联互通和数据共享。医疗服务平面是面向患者和医护人员的服务窗口,通过信息化手段为患者提供更加便捷、高效的医疗服务体验。综合支持与应用平面为智慧医院的用户赋能,提供便捷就医体验、个性化医疗服务,提高效率、安全与质量,辅助临床决策、精细化管理。

1.2 智慧手术部发展历程

手术部是指以手术室为核心并包括其周围辅助用房所形成的手术功能区域。手术部是为患者提供手术及抢救的场所,是医院的重要技术与服务部门。根据智慧医院发展历程,智慧手术部的发展可分为信息化、数字化和智慧化三个阶段,如图 1-2 所示。在建设场景方面,从手术室、更衣区/换鞋区等单场景应用扩展到手术部全流程、全业务、全场景应用。

1.2.1 信息化阶段

20 世纪 90 年代中期,随着信息技术的快速发展,一些医院开始建立较为完整的医院信息系统(Hospital Information System,HIS),手术部也在这一阶段开始引入 HIS、临床信息系统(Clinical Information System,CIS)等信息化平台。通过将麻醉记录单等各类信息的信息化记录与存储,完成了由纸质文书向信息化处理

1 绪 论

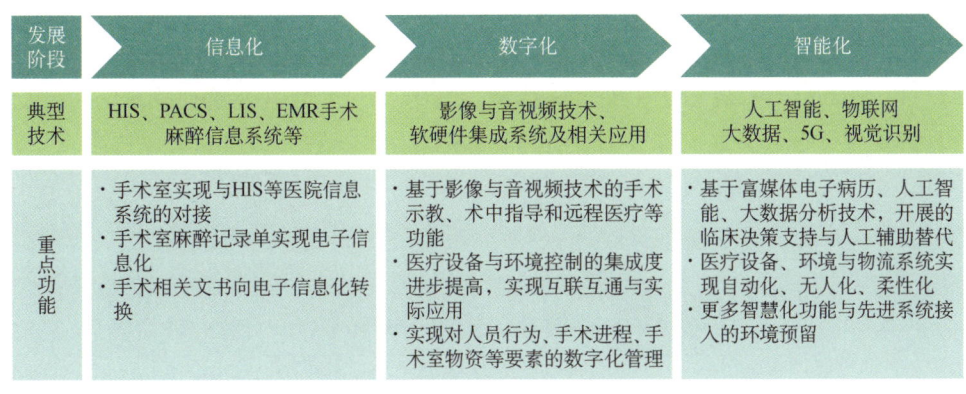

图1-2 智慧手术部发展历程

的转换,但相关信息的采集依旧依赖人工录入。手术安排、器械与药品管理等信息化功能虽然开始出现,但功能相对单一,且多为单机应用,信息孤岛现象明显。总体而言,与HIS对接以及麻醉记录单的电子信息化,是手术部进入信息化发展阶段的重要标志。

1.2.2 数字化阶段

21世纪初,随着互联网兴起和医疗技术的快速发展,医院信息化建设开始进入到数字化阶段,手术部也相应进入这一新阶段。手术部广泛采用数字化设备和技术手段辅助手术操作,并对手术部内各种软硬件系统进行集成与整合,打破了信息孤岛,开发了各类应用,通过数据交换实现了以互联互通为代表的综合应用,改变并优化了手术部的业务流程。其中,音视频影像链与软硬件集成系统等技术被认为是手术部数字化阶段的标志,手术部运营管理优化、数据仓库、知识库等功能也在这一阶段开始建设并逐渐成形。

1.2.3 智慧化阶段

2009年,中共中央、国务院发布《关于深化医药卫生体制改革的意见》,启动了新一轮医药卫生体制改革。与此同时,物联网(Internet of Things,IoT)、大数据、人工智能(Artificial Intelligence,AI)、第五代移动通信技术(5th Generation Mobile Communication Technology,5G)等新兴技术不断涌现、快速发展,手术部也逐步进入智慧化阶段。新兴技术将手术部业务流程自动化与机器人化,部分实

5

现人工替代与决策支持。通过先进的智能终端设备,自动抓取手术部运行过程中产生的多模态信息,自动分析并向使用者输出决策建议,实现了手术智能辅助、环境与设备智能管控、资源优化配置等功能。其中,AI、大数据等新兴技术的实践应用,被认为是手术部进入智慧化阶段的关键标志。

1.3 智慧手术部现状

1.3.1 基于问卷调研的国内现状分析

1. 问卷样本分析及总体现状

为了更好地了解目前智慧手术部建设情况及遇到的主要难点,编写组于2024年进行了问卷调查。问卷共设16道题项,内容涉及受访者所在医院情况、中心手术部规模及数字化手术室占比、智慧手术部建设情况、建设目标、建设场景及技术运用、智慧手术部规划与工程建设阶段遇到的难点等。共回收有效样本956份,其中受访者主要来自三级甲等医院(73%)、教学型医院(92%)和综合医院(81%);样本医院的床位规模在500~1999张的占比最大(45%);中心手术室建设规模则大多分布在20间以内(44%)与20~40间(34%)。

数字化及智慧化手术部在中心手术部的数量占比方面,超过一半的样本占比小于30%。值得一提的是,虽然数字化及智慧化手术室占比未超过30%,但有79%的受访者认为已经进行或计划进行的智慧手术部建设,表明医院越来越重视智慧手术部的建设。但在手术部智慧化建设的满意度方面,仅有3%的受访者认为所在医院的手术部智慧化建设完全达到了预期,而未达到预期的占比高达60%,体现了智慧手术部建设的挑战性及低成功率。

2. 智慧手术部场景需求与各阶段建设难点

在智慧手术部需要覆盖哪些场景的问题中,77%的受访者希望智慧手术部能够实现手术室、医疗设备间、医护入口、办公室、示教室、手术相关科室在内的场景全覆盖;在智慧手术部系统功能的问题中,88%的受访者希望智慧手术部能够实现数字化手术室系统、手术麻醉临床信息系统、手术室环境监测与控制系统在内的系统功能全覆盖;在智慧手术部核心建设目标的问题中,77%的受访者希望实现包括提升手术效率、驱动精细化管理、赋能围术期全流程在内的全部建设目标,体现了全场景建设的必要性。

在智慧手术部建设规划阶段难点的问题中,超过60%的受访者同时遇到了建设成本较高、预算不能全部覆盖、缺乏整体策划、落地难度大等问题;在工程安装阶段,75%的受访者表示面临设备软件数据集成与共享问题、多单位多科室导致的施工界面复杂、协调难度大等问题;97%的受访者认为国家或行业协会有必要及时推出智慧手术部建设相关的指南或标准。

3. 基于问卷的智慧手术部建设现状分析

从问卷结果可以看出,我国手术部智慧化建设整体上仍处于初步阶段,从技术应用、功能覆盖到建设规模等多个方面都比较低,还有巨大的发展空间。虽然智慧化场景建设才刚刚起步,但大部分医院都已经或计划进行相关建设,并对智慧手术部的前景非常乐观,这也是医院高质量发展要求、社会需求驱动和科技进步的必然结果。

但我们也观察到,样本所在医院普遍面临手术室智慧化建设程度浅、规划和工程施工阶段难点多、难点集中、难点趋同等问题,手术部智慧化建设仍然任重道远。受访者也普遍表示,亟须能够指导智慧手术部建设实践的相关标准指南,使医院管理者、手术部医护工作者、信息化建设人员以及各领域厂商,能够从技术、场景、功能、组织与管理等多个角度,对手术部智慧化建设具有整体性和系统性认识,并能具体指导手术部智慧化建设的相关实践。

1.3.2 基于实践案例的国内现状分析

为了充分了解国内智慧手术部建设的现状,编写组收集并挑选了国内典型智慧手术部建设实践案例(详见附录二)。通过对这些案例的总结分析,可以看出智慧手术部建设的具体现状与经验教训。

1. 强调顶层设计引领,实施中有诸多细节有待完善

苏州大学附属第一医院、北京大学第一医院(大兴院区)、武汉市硚口区人民医院等多家医院均强调了顶层设计在智慧手术部建设中的重要性,提到需按照"以终

为始"的原则,设定清晰的建设目标,并自顶向下逐步求精,以确保项目的整体性和前瞻性。然而,在具体实施过程中发现,仍有大量细节问题容易被忽略,如设备选型、系统集成、数据共享等。不同厂商之间的技术壁垒和数据格式差异,影响了项目进度,信息孤岛现象也依然存在,这导致智慧手术部建设的整体效能最终难以实现。这就需要更加精细化地设计、管理和协调,以实现整体性、专业性和细节性的统一,通过智慧化手段实现重塑手术部业务流程的最终目标。

2. 多学科协同合作,沟通与协调难度大

智慧手术部的建设涉及医疗、信息、工程等多个学科,需要各科室的紧密合作与协调。浙江大学附属第一医院余杭院区、南方医院惠侨医疗中心等多家医院实践认为,多学科协同合作是智慧手术部成功实施的关键。由于各专业领域之间的差异和沟通障碍,项目在推进过程中容易出现大量的协调和沟通难题。医疗需求与信息化语言之间的差异也增加了沟通协调的难度,需要投入大量时间精力进行需求的"翻译"和转化,以确保各方能够准确了解彼此的真实需求和专业性意见。

3. 定制化需求与成本控制之间的矛盾

多家医院实践显示,在智慧手术部建设中,医院往往需要根据自身实际情况和特定需求进行定制化开发。然而,定制化开发往往伴随着高昂的成本和较长的开发周期。在追求高性能和先进性的同时,忽视了成本控制的重要性,导致资源浪费和成本超支。因此,如何在满足定制化需求的同时又能有效控制成本,也成为智慧手术部建设一个亟待解决的难题。

从案例医院的经验与教训中可以看出,国内医院在智慧手术部建设实践中,较为重视顶层设计与系统架构建设,能充分运用新一代信息技术应用与智慧化手段,因此在智慧手术部建设探索方面积累了宝贵经验,但也普遍面临多学科协同困难、沟通与协调难度大、定制化需求与成本控制之间存在矛盾等问题,智慧手术部建设总体上尚处于探索阶段。

1.3.3 国外发展现状分析

1. 国外智慧手术部发展的驱动力

随着全球医疗需求和手术复杂性的增加,提升患者安全和手术效率成为医疗机构的紧迫需求。近年来,智慧手术部的出现为这一挑战提供了有效解决方案。

通过技术创新和流程优化,智慧手术部不仅能够降低运营成本,还能提供更加安全、高效、个性化的医疗服务,从而满足患者不断增长的健康需求,提升整体医疗质量。

手术部的变革背后有多方面的驱动因素。首先,手术部是医院最重要的资源之一,贡献了超过40%的医院收入,同时也是医院支出最大的组成部分。随着手术数量的增加和复杂性提升,手术部成为医疗变革的核心。然而,与手术相关的医疗事故,尤其是由医疗错误导致的不良事件,仍然是全球医疗系统中的一大问题。例如,在美国,手术相关的医疗差错已成为第三大死亡原因。因此,提高手术部的效率、减少医疗差错、保障患者安全,已经成为全球医疗改革的重中之重。

其次,医疗行业还面临着提高系统整体效率的挑战,特别是要解决导致效率低下、流程不畅的因素。几十年前,手术部常常因规划不善、沟通障碍等问题导致效率低下,医生因缺乏现代数字化工具和技术支持,难以有效完成手术。而随着AI、大数据和IoT等前沿技术的发展,这些问题得到了显著改善。智慧手术部通过引入智能化和自动化手术流程,极大优化了手术部的运作模式,不仅提升了手术部的工作效率,还增强了医疗团队的协作能力。

最后,随着精准医疗和个性化治疗的兴起,患者对个性化医疗服务的需求逐渐增加。智慧手术部通过整合先进的信息技术和医疗设备,能够为每位患者定制更加精准的治疗方案。这不仅可以提升治疗效果,还能大幅度提高患者满意度。通过个性化数据的分析与运用,医生可以根据每位患者的独特健康状况,设计个性化治疗方案,这标志着未来医疗的一个重要发展方向。

2. 欧美等发达国家智慧手术部应用探索

1)美国:智慧手术的引领者

美国在智慧手术部的建设方面处于全球领先地位,率先在国内多家医院应用医疗机器人、远程诊断设备等辅助临床诊疗,并将虚拟门诊、移动医疗等智慧医疗服务纳入联邦医保覆盖范围,推动智慧医院加速建设。众多美国医院已经将智慧手术部整合到其日常手术流程中。梅奥诊所(Mayo Clinic)和克利夫兰诊所(Cleveland Clinic)等美国的顶级医疗机构,已经在其手术部中配备了智能化手术设备,利用AI系统进行术前风险预测、术中实时监控和术后康复管理。梅奥诊所还致力于与国际各大机器人公司及学术机构合作,努力在机器人手术领域进行创新。这种跨学科的协作,使梅奥诊所能够在手术过程中充分利用机器人技术,从而提高患者的治疗效果和手术安全性。达·芬奇手术机器人(Da Vinci Surgical System)是美国手术部中应用最广泛的智能设备之一,该系统通过远程控制技术和微创手术工具,大幅减少了手术的创伤和风险。达·芬奇手术机器人广泛应用于泌尿外科、心脏外科和妇科等领域,在全球已成功完成700万例手术。

2)日本:AI、手术机器人和5G技术的结合

为应对医疗资源不均衡和不断攀升的医疗支出问题,日本政府积极推动人工智能技术在医疗领域的应用,计划建立10所人工智能样板医院。这些医院将通过AI技术实时记录临床数据,提升影像诊断的精准度,并制订个性化治疗方案。此外,日本在智慧医疗领域不断展现出强大的创新能力,尤其是在手术机器人的研发与应用方面。截至目前,日本全国已有约400套手术机器人系统投入使用。其中,神户大学智慧手术部配备的"hinotori"手术机器人由日本自主研发,展现了AI技术在术中路径规划和手术操作中的潜力。这款机器人在微创手术和复杂的腹腔镜手术中表现卓越,不仅提高了手术精度,还显著降低了术后恢复时间。神户大学还利用5G技术无延迟传输控制信号和高分辨率医学图像的特点,与手术机器人公司美迪凯(Medicaroid)及电信公司多科莫(NTT Docomo)合作,成功通过5G网络实现了远程手术,在缩短手术时间和减少创伤方面展现了极大优势。

3)德国:先进技术与管理的集成

尽管欧洲没有专门针对智慧手术部的单一政策文件,但欧盟及其成员国的多项政策和计划为智慧手术部相关技术的发展提供了有力支持。例如,Horizon Europe计划涵盖了多个领域,其中包括医疗科技。该计划为与智慧手术部相关的技术研发(如手术机器人、AI和远程手术技术)提供了资金支持。在一系列相关政策的支持下,德国的智慧手术部普遍配备虚拟现实眼镜、实时3D成像和数字导航辅助工具等先进技术,提升了手术的精确度。以埃森大学医院的全数字化手术部为例,该手术部通过可视化自然渲染技术,将磁共振成像(MRI)和计算机断层扫描(CT)图像变得更加生动,帮助医生进行更为精细的手术操作。与此同时,汉堡玛丽安医院的整体玻璃数字化手术部在行业内居于领先地位。该手术部采用了创新的整体玻璃材料设计,不仅提高了透明度和亮度,还有效地减少了细菌滋生,显著提升了手术部的清洁度。此外,数字化技术的广泛应用使手术部的管理更加高效和便捷。

德国在智慧手术部的技术研发上也取得了显著进展。德国联邦教研部与莱比

锡外科电脑助手研究中心合作开发了一种智能手术部系统,能够自动识别手术步骤并提供相应的操作建议,类似于汽车的导航系统。该系统可以显示手术进展、当前所处位置以及下一步计划,并灵活应对手术过程中医生的操作与器械位置的变化。此外,德国的医疗设备制造商西门子医疗(Siemens Healthineers)也为全球多家医院提供了智慧手术部解决方案。其系统结合了实时影像和人工智能技术,为外科医生提供智能化的手术指导,并能够自动优化手术路径。这些技术已经在德国的多家医院得到应用,推动了智慧手术部的标准化和普及。

4) 英国:数字化战略引领智慧手术部的标准化

英国政府推出的数字健康战略(Digital Health Strategy),通过大数据和数字技术的应用,推动了医疗服务质量和效率的提升,这为智慧手术部的发展提供了有力支持。英国在医疗人工智能领域具有深厚基础,得益于其全球最大的单一医疗保健组织——英国国家医疗服务系统(NHS)。NHS拥有庞大的工作人员与患者信息数据库,为 AI 技术在医疗领域的研究和应用奠定了坚实的基础。为了进一步提升医疗服务质量,NHS 正计划通过 AI 技术实现个性化和数字化的健康管理,旨在加速患者的早期诊断并提高医疗效率。例如,NHS 在博尔顿信托基金(Bolton NHS Foundation Trust)进行的一项试验表明,利用 AI 技术进行结肠镜检查,使癌症检测率提高了 8.3%。这一技术的应用有望大幅降低结肠癌的发病率和死亡率。

与此同时,英国还高度重视手术部的数字化与信息化建设。英国的智慧手术部配备了先进的信息化平台,并通过 VR 技术进行手术模拟和培训,显著提升了手术的安全性和效率。这些技术应用不仅改善了手术质量,也为患者提供了更高水平的医疗服务。此外,NHS 积极推动智慧手术部的标准化建设。通过引入智能手术设备和实时数据管理系统,NHS 期望在未来几年内将智慧手术部的技术推广至全国各大医疗机构。这一政策的实施,将进一步提升英国医疗系统的运作效率,确保患者能够获得高质量的医疗服务,也推动了智慧手术部在英国医疗体系中的普及和标准化进程。

3. 国外医院智慧手术部应用探索

国外医院的智慧手术部,集成了一体化主控系统、设备控制系统、高清 LED 手术灯与悬吊系统等高科技设备,同时引入机器人辅助手术系统,实现了手术过程的精准控制、高效运行与安全保障,为医护人员提供了更便捷、更智能的工作环境,为患者带来了更高质量的医疗服务。

梅奥诊所始建于1864年,是全球知名的医疗机构,多次被评为世界最佳医院。为了保持其在医疗领域的领先地位,梅奥诊所持续投入大量资金用于智慧医疗的建设,包括智慧手术部的升级和改造。2023年,梅奥诊所宣布斥资50亿美元用于全面升级和打造新院区,其中智慧手术部的升级是重要一环。梅奥诊所智慧手术部用机器人辅助手术,外科医生利用机器人技术为患者完成了数百项手术,包括机器人脊柱手术等。机器人技术通过术前规划、高精度引导、微创操作等方式,显著提高了手术的效率和安全性。同时,梅奥诊所还在AI与数据分析方面投入努力。梅奥诊所拥有庞大的患者数据池,通过AI算法和数据分析技术,能够实现对患者病情的精准评估和预测。这些数据还支持了梅奥诊所与多家AI医疗公司的合作,共同开发更先进的医疗解决方案。除此之外,其智慧手术部还配备了一体化主控系统、设备控制系统等高科技设备,实现了手术设备的智能化管理和高效运行。进行智慧化改造后的梅奥诊所,大大提高了患者就诊的效率和满意度,同时也建设了完整精确的手术部云端数据,用于支撑诊所后续的可持续性发展研究。

日本东京女子医科大学的 Hyper SCOT 手术部被誉为日本最先进的手术部,作为一个应用了 IoT、机器人和 AI 的"智慧手术部",其智能网络手术部(Smart Cyber Operating Theatre,SCOT)项目自2012年提出以来,经历了三个发展阶段:设备集成、数字化,以及机器人和 AI 辅助的全面建设。在 SCOT 手术部中,OPeLiNK 系统将复杂的手术设备与临床数据进行整合与显示,其"数据融合导航"功能为提升手术质量提供了可靠支持。此外,该项目还研发了机器人手术台和机器人手臂 iArmS,进一步提高了手术的准确性。在手术部设计方面,SCOT 项目综合考虑了提高术中信息可视性、适应不同外科手术场景以及提升患者在清醒状态下的舒适感,合理布局了手术部内部空间,并制订了针对不同场景的照明计划。为了进一步提升 SCOT 的临床价值,项目团队正在开发具有预测功能的 AI 辅助系统,以支持医生在临床决策中做出更为准确的判断。经过十多年的努力,SCOT 项目从最初的雏形概念到三代智慧手术部产品模型的建立,再到在日本的商业化推广,取得了显著的突破性进展,为未来智慧医疗的发展提供了重要的参考和借鉴。

以色列纳哈里亚加利利医疗中心建立了世界上首个可以管理库存的手术部。该手术部由 Autonomi 公司与以色列政府医院集团采购组织(GPO)Sarel 合作推出,其中包括一套独特的库存管理系统。该手术部采用了尖端的自主库存管理技术,能够在无人工干预的情况下,精准追踪医疗设备和药品的流向,实现从入库到使用的全流程监控。这一闭环管理系统不仅保障了医疗物资在正确的时间和地点得到供应,更能有效减少浪费和误用,提升医疗资源的利用效率。此外,该系统还具备自动重新订购关键物资、实时进行患者安全召回以及针对临期物品发出预警等高级功能。这些智能化的操作不仅进一步提升了医疗服务的质量和安全性,也为医院带来了更为精细化、科学化的管理体验。加利利医疗中心表示,该手术部将优化加利利医疗中心手术部团队的工作,每年可节省高达15%的医疗设备和药品成本。

4. 国际大型供应商在智慧手术部领域的创新探索

在智慧医疗的浪潮中,国外智慧手术部的建设依赖于众多领先供应商的创新应用。这些供应商能够为医院提供全套的智慧医疗设备和服务,包括医疗影像设备、远程医疗设备和手术机器人等。根据功能和服务的不同,供应商可大致分为设备供应商、信息系统供应商和手术机器人供应商。

首先,在设备供应方面,德国医疗设备制造商西门子医疗在提高智慧手术部工作效率方面发挥了重要作用。作为医疗设备领域的巨头,西门子医疗的MRI和CT等影像设备一直被医学界广泛认可为精准诊断工具。这些设备通过高分辨率成像技术,能够捕捉人体内部的细微结构变化,为医生提供详尽且准确的影像诊断依据。为了进一步提升医疗服务的智能化和协同性,西门子医疗还推出了Syngo Carbon数据平台,该平台具备强大的数据整合能力,可以高效地管理和分析来自不同系统的多媒体数据。通过该平台,医生能够轻松访问患者的完整病史和检查结果,从而做出更为准确的诊断,实现精准有效的治疗。此外,该平台还支持科研数据的整合与分析,为医疗研究提供丰富的数据资源,推动智慧手术部的可持续发展。

其次,信息系统供应商方面,Epic Systems Corporation 是一家位于美国加利福尼亚州的软件公司,专注于医疗保健领域,致力于开发和提供改善人们健康的产品与服务。Epic 的核心业务是提供电子健康记录(EHR)软件和医疗保健IT解决方案,这些解决方案不仅涵盖了电子健康记录的基础功能,还包括临床系统、财务系统和人口健康管理工具等,为医院、诊所和其他医疗保健中心提供全面、高效的信息技术支持。尤其是患者的电子病历,涵盖了医院、诊所、实验室等医疗机构的各个环节,能够集中存储和管理患者的医疗数据,包括病历、检查报告和用药记录等。通过电子病历,医生可以即时访问患者病历并与患者进行实时沟通,有效消除医生与患者之间的时空障碍。同时，Epic 的系统具备用户友好的界面设计和强大的数据安全保障机制，确保医疗机构能够高效管理患者的电子病历。

最后，在手术机器人领域，除达·芬奇手术机器人外，成立于1949年的美敦力（Medtronic）凭借其深厚的积累和创新，为医疗界提供了多款先进的手术机器人产品。其中，Stealth Auto Guide 神经外科手术机器人平台是美敦力推出的一款主要用于神经外科手术的手术机器人平台。该平台由隐形空间站图像制导系统和 Midas Rex 高速钻头组成，能够提供实时导航和视觉反馈，帮助医生在手术中更准确地定位和操作。Stealth Auto Guide 在 2019 年获得美国食品药品监督管理局（FDA）的批准，并获得了医疗界的广泛认可。

5. 新兴技术在国外智慧手术部的应用探索

随着科技的不断进步，智慧手术部正在融入一系列创新技术，这些技术正在改变手术部的运行方式，提高手术的安全性、效率和患者治疗效果。机器人手术系统使外科医生能够以更高的精度和控制力进行微创手术，达·芬奇手术系统便是机电一体化技术革新外科手术的一个典型例子。与此同时，AR 和 VR 技术也被广泛应用于手术规划和培训，外科医生可以将数字图像或 3D 模型叠加到患者的解剖结构上，以提供实时指导并增强可视化效果。这些技术使得外科医生能够在对真实患者进行手术之前，先在模拟环境中练习复杂的操作，从而改善手术规划、缩短手术时间，并提高患者的治疗效果。

此外，3D 打印技术用于创建针对特定患者的植入物、假肢和手术模型，外科医生可以使用 3D 打印的患者解剖模型进行术前准备，提升手术的准确性。AI 技术在手术部也发挥着重要作用，应用于图像分析、预测分析和机器人手术辅助，帮助医生分析医学图像、预测手术结果，并在手术期间协助手术决策。创新的成像技术如 MRI、CT 扫描和术中超声能够在手术过程中提供详细的实时图像，帮助外科医生更准确地导航复杂的解剖结构。

远程医疗技术允许专家在手术期间提供实时指导和咨询，尤其在远程或复杂病例中，远程监控技术还能持续监测患者的生命体征和术后恢复进度。同时，可穿戴传感器和生物医学设备用于监测患者的生命体征，并向外科医生和麻醉师提供实时反馈，进一步增强患者的安全性和护理质量。此外，医疗物联网（IoMT）通过联网的医疗设备和传感器实时监测患者的生命体征、麻醉水平和其他关键数据，这些数据可以与电子健康记录整合，为医疗提供全面的患者状况视图。

1.4 智慧手术部建设内容

1.4.1 智慧手术部建设范围

手术部包括手术室及其周边支持区域,覆盖手术区、办公生活区等区域,并与病理科、输血科、消供中心等其他科室区域进行联动,共同构成一个集术前准备、手术治疗、术后恢复及手术管理于一体的综合医疗服务区域(图1-3)。

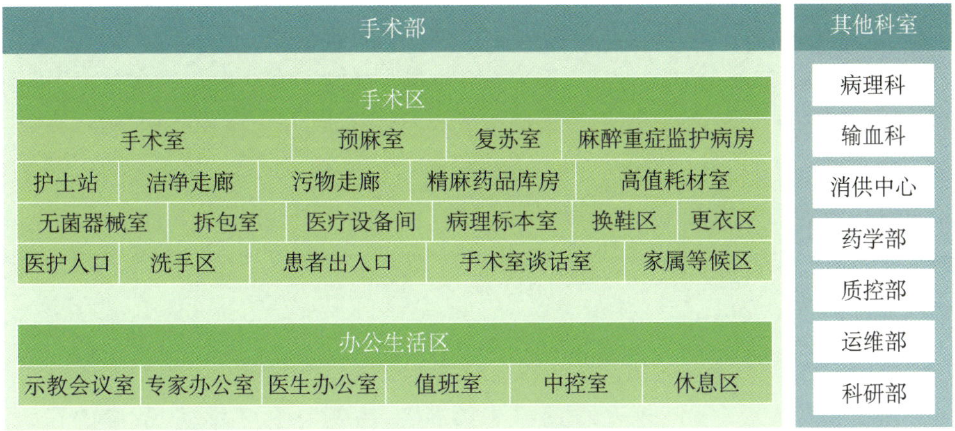

手术部					其他科室
手术区					病理科
手术室		预麻室	复苏室	麻醉重症监护病房	输血科
护士站	洁净走廊	污物走廊	精麻药品库房	高值耗材室	消供中心
无菌器械室	拆包室	医疗设备间	病理标本室	换鞋区 更衣区	药学部
医护入口	洗手区	患者出入口	手术室谈话室	家属等候区	质控部
办公生活区					运维部
示教会议室	专家办公室	医生办公室	值班室	中控室 休息区	科研部

图1-3 智慧手术部建设范围

智慧手术部需要进行顶层规划设计,融合大数据、云视讯、AI、IoT等新一代信息技术,以围术期临床大数据中心为核心,以手术室为"智慧大脑",对内提供环境控制、手术智能辅助、场景智能推送、手术影像病历报告自动生成等医疗辅助,对外打通手术部内的各个辅助医疗场景,并以此建立服务患者、服务医疗、服务管理的业务闭环、资源联动、数据孪生的 AI 生态手术部。

1.4.2 智慧手术部建设目标

智慧手术部作为智慧医院的重要组成部分,致力于通过构建临床大数据中心,实现医疗数据的全面集成与智能分析,为手术部管理与决策提供高质量数据支撑;同时,搭建业务互联平台,促进多学科紧密协作与知识共享,提升医院整体医疗质量;依托智能化多场景应用,重塑闭环医疗服务流程,实现资源优化配置与全流程透明化管控,助力医疗决策高效智能化。智慧手术部从智慧医疗、智慧服务及智慧管理三个维度,推动医院向更高水平的智慧化转型。

1. 围绕智慧医疗搭建以电子病历为核心的业务联动平台

依托手术部各场景的智能化应用终端,打通围术期全流程业务,搭建手术期间与护士台、家属等候区、谈话间、病理科、麻醉、护理、办公室、示教室、远程终端等场景的互联互通应用平台,使得各科室联系更加紧密,并延伸到患者围术期术前、术中、术后全流程每一个环节,将不同场景散落的医疗数据集中管理、知识共享和深度协同,支撑医院各项信息化等级测评,促进多学科之间的交流与合作,提升医院的整体医疗质量。

2. 围绕智慧管理打造以数据为核心的精细化运营管理平台

基于手术、麻醉、护理、运营等维度采集数据,打造一套精细化管理体系,采用先进的围术期大数据模型,融合围术期全流程医疗数据,从临床与管理两个层面构建大数据中心,包括外科影像、护理、麻醉等临床电子病历数据,药品、耗材、设备、人员管理等管理数据,以此搭建数字孪生可视化运营平台,驱动手术部管理与决策智能化,最大化利用数据价值,为手术部运营及手术科研分析和人工智能应用,提供高质量的数据支撑。

3. 围绕智慧服务构建以患者为核心的医疗导航服务平台

围绕患者围术期诊疗过程,覆盖从术前准备、患者入室、手术开始、麻醉开始、手术救治、手术护理以及药品、耗材、设备使用等全流程提供便捷化及个性化医疗服务。通过对医院各类环境、物资、流程等资源的高度集成和控制,数据的精准记录、汇总、传递、反馈、核查,建立透明化、可追溯的闭环管控机制,优化医疗资源配置,提升患者就医体验。

1.4.3 智慧手术部与智慧医院的关系

智慧手术部与智慧医院联系紧密、相辅相成,共同促进医疗服务的数智化转型与高质量发展。智慧手术部以手术部基础设施、临床信息系统及医疗设备等基础环境为基石,构建临床大数据中心,搭建面向手术部的智慧医疗、智慧管理、智慧服务的信息平台。架构不仅要满足手术部内部应用,还要与院外各场景及系统进行数据传输和资源共享。

在智慧手术部建设中,具体可以从以下三个方面展开:

(1) 智慧医疗的关键在于电子病历,建立围术期临床电子病历大数据中心,采用 AI 等技术搭建电子病历平台为临床医疗提供智慧辅助。

(2) 智慧服务的关键在于利用互联网、IoT 等信息化手段为患者及家属提供便捷的就诊服务。

(3) 智慧管理的关键在于运用 IoT、大数据等技术进行手术部管理,主要包括能源与环境、药品与物资、设备、医疗质量、运营质量等方面,也包括科研、教学方面的智慧化管理需求。

围绕这些多元化需求,智慧手术部需要以手术为核心,以各种技术、功能及硬件为抓手,优化手术流程、保障手术安全,实现信息与资源的智能调取配置,做到对手术部业务、流程与运营的全面把控。

1.4.4 智慧手术部的关键系统组成

智慧手术部关键系统组成包括围术期临床大数据中心、智慧手术医疗平台、智慧手术服务平台、智慧手术管理平台。

(1) 围术期临床大数据中心:负责收集、整合、存储、分析手术部产生的各类数据,包括医疗数据、服务数据、管理数据、科研数据等,为医疗、服务、管理、科教、运维等平台提供数据支持,实现数据的共享与利用,支持决策优化和流程改进。

(2) 智慧手术医疗平台:该平台一方面为大数据中心提供数据基础,另一方面在手术过程中通过三大电子病历平台及手术医疗协同平台为医护人员提供智能化辅助,使手术医生专注于手术过程的医疗操作,包括手术方案制订、手术器械使用、医疗影像获取与分析等,以确保手术过程的安全、高效进行,提高手术质量和患者满意度。

(3) 智慧手术服务平台:是智慧服务在围术期的具体应用,通过手术智能谈话系统及医护患协同平台为手术部医护人员与患者及患者家属提供主动式、多样化、精准化服务,以进一步提高医疗服务的质量和效率,提升患者的就医体验,增强患者对医院的信任和满意度。

(4) 智慧手术管理平台:该平台以智能技术驱动,实现手术医疗质量和安全、手术资源配置调度、后勤及医疗辅助服务的全面智慧化管理;通过手术运营智慧化监测分析,提供可视化运营驾驶舱,确保手术部的日常运营有序安全稳定进行,提高运营效率,降低运营成本。

各平台之间既相互独立又紧密关联,通过数据共享与利用、相互支持与协同工作、流程优化与持续改进等方式共同推动智慧手术部的建设和发展。例如,智慧运营驾驶舱可以根据数据分析结果调整人员配置和物资调度策略,科教管理系统可以根据临床数据研发新的手术方法和教学方案。再如,智慧医疗平台需要智慧服务平台提供患者信息和服务支持,智慧管理平台需要围术期临床大数据中心支持临床决策分析和确保药品、耗材、设备、器械等各项资源的正常运行。

智慧医院与智慧手术部各平台/系统的对应,如表1-1所示。

表1-1 智慧医院与智慧手术部各平台/系统对应关系

智慧医院信息平台		智慧手术部信息平台/系统	
数据中心	临床数据中心	围术期临床大数据中心	手术富媒体电子病历大数据中心
			麻醉电子病历大数据中心
			手术护理电子病历大数据中心
	运营管理中心		手术运营大数据中心
智慧医疗	电子病历	智慧医疗	手术富媒体电子病历系统
			麻醉临床电子病历系统
			手术护理临床电子病历系统
	医疗协同		手术医疗协同系统
智慧服务	诊中服务	智慧服务	手术智能谈话系统
			手术公告系统
智慧管理	医疗护理管理	智慧管理	医疗质量与安全管理系统
			智慧后勤管理系统
			智慧药品管理系统
			智慧耗材管理系统
	设备设施管理		智慧设备管理系统
			智慧器械管理系统
			智慧标本管理系统
	药品耗材管理		智慧科教管理系统
			智慧医疗辅助管理系统
	运营管理		智慧运营驾驶舱

1.5 智慧手术部建设价值

1.5.1 推动智慧医疗发展

(1) 手术部集成管理更高效。通过集成手术部医疗设备及基础建设环境设备,实现手术部的集中一体化控制,提高临床医疗的辅助控制效率。

(2) 医疗信息共享更立体。通过围术期实时共享手术视频、医学影像资料及检查检验数据,提高手术效率,优化医疗服务质量。

(3) 电子病历记录更全面。通过实时记录外科手术影像病历、麻醉专科电子病历、手术护理专科电子病历,实现患者围术期完整电子病历记录与应用。

(4) 术中医疗协同更深入。通过打破手术部信息孤岛,打通手术部与办公室、谈话间、家属等候区、护士台、值班室、病理科、药库、耗材库等协同场景的互联互通,提高手术效率,推动临床医疗的智慧化发展。

(5) 手术流程更高效。通过智能化手段减少手术过程的人为误差,提高手术的精准度与效率,有效缩短手术时间,加快手术部运转速率,提升医疗质量。

(6) 手术部运营更安全。通过手术部全场景数据联动促进医疗资源的优化配置,全业务大数据分析,提升医疗质量安全管理,进一步实现手术部安全闭环运营管理。

1.5.2 提高智慧管理精度

(1) 医疗大数据管理更智能。智慧手术部具备强大的数据流转存储管理及分析能力,通过对数据的深度挖掘和分析,医生可以更加精准地评估患者病情,制订个性化治疗方案,从而提高治疗效果和患者满意度。

(2) 运营管理更精准。智慧手术部提供手术质量指标、手术部运营指标、手术部环境能源指标、药品设备耗材等物资管理数据的统计与分析,搭建数字孪生可视化平台,管理人员可通过各项数据指标报表辅助医疗决策和运营管理,提升管理精度。

1.5.3 提升智慧服务水平

（1）个性化的医疗服务。通过智能化设备更加智能全面地掌握患者的信息，根据患者的个体差异和特定需求，提供量身定制的更加个性化的医疗服务。

（2）点亮人文关怀。通过营造舒适、温馨的手术环境，减轻患者的紧张情绪，有助于患者更好地配合手术，提高患者满意度。

1.5.4 加强手术质量安全

（1）患者安全核查更可靠。建设统一安全核查流程限定和机制，进一步增强医务人员对医疗质量管理的认识，规范医疗服务行为，保障医疗质量和医疗安全，使医院的医疗质量管理工作达到规范化、标准化，努力提高工作质量及效率。

（2）院感控制更高效。采用智能化手段能基于手卫生依从性及手术部洁净度管理两方面从源头开始精准管理卫生安全，进一步降低院感发生率，保障手术安全。

1.5.5 创建高度共享平台

通过手术部与各协同场景的联动，高度集成医院信息系统，促进医疗资源的共享和协作，实现数据的互联互通，共同推动医疗技术的创新和进步。

智慧手术部基础条件建设

2.1 建筑与基本装备

2.2 机电系统

2.3 医院网络

2.4 医疗设备

2.5 信息系统

智慧手术部建设是一项综合性复杂系统工程，离不开多种软硬件基础设施的支持。要构建一个高效、智能、安全的手术环境，需要医院在规划、设计、施工和管理过程中综合考虑各方面因素做好基础条件建设，尤其是在建筑设施、机电系统、医院网络、设备集成管理平台以及信息系统等方面。

2.1 建筑与基本装备

手术部设置手术室间数以及洁净用房等级需根据医院类型、床位数和年手术例量等进行核定。手术部功能布局需合理、符合手术无菌技术原则，并做到联系便捷、洁污分明。手术部的选址、与相关科室的位置关系、内部平面以及通道设置等均需符合医疗建筑对于手术部设计的相关要求。随着装配式建筑的推广，为使改扩建项目对已运行区域的影响最小化，手术间的墙面、顶面大多采用一体化装配式方案。

手术间内的基本装备参照相关技术规范要求，同时可以根据手术间具体用途进行调整。其中计时器、电话、观片灯或终端显示屏、压差显示净化空调参数显示调控面板以及记录板可以与智慧手术部设备结合考虑。根据卫生学要求，手术间内的装备大多以嵌入式形式安装，智慧手术部设备及设施需遵循相关规定。

2.2 机电系统

机电系统是支持智慧手术部运行的基础设施系统，保证了手术部室内环境、手术操作以及医疗设备的正常使用，以确保工作人员在符合手术要求的环境下实施各类手术操作，从而为手术安全提供基础保障。

2.2.1 空气调节与空气净化系统

手术部具有供冷量大、昼夜负荷差异大等用能特点,尤其是大型手术部需全年供冷,因此能耗较高。相关的设计及设施配置须满足《医院洁净手术部建筑技术规范》(GB 50333—2013)的要求。目前手术部比较普遍的冷热源系统配置是:设置单独的冷热源,一般单独为手术部配置多功能风冷热泵;在冬夏两季利用医院集中冷热源供冷热,在过渡季节通过阀门的切换由风冷热泵单独供应手术部的空调冷热源。

手术部空调系统设计需将洁净区空调系统和非洁净区空调系统分开。Ⅰ～Ⅲ级洁净手术室采用集中式净化空调系统;Ⅳ级洁净手术室和Ⅱ、Ⅳ级洁净辅助用房,可采用集中式净化空调系统、净化风机盘管加独立新风系统或净化型立柜式空调器。对于非洁净区域,如办公区,可根据相关规范,按照舒适性空调进行设计。

针对手术部冷热源设置以及空调系统分区的特点,手术部空调系统运维可采取动态能耗管控。根据手术部运行规律,以小时为基本单位,建立手术部用能负荷预测模型,为净化空调系统运行提供基础条件。同时,结合净化空调系统能效数据,根据实时负荷需求进行系统控制,分析系统整体能耗,动态寻找能耗最优状态点,实现系统整体上的智慧化节能。智慧手术部系统与医院能耗管理系统进行关联与数据交换,通过空调系统与手术排班系统联动,实现动态启停管控、手术间内外压差预警提示维保操作等,以及整个手术部净化空调系统的合理用能规划、集中管理和远程控制,以强化和实现最佳成本管控。

2.2.2 医用气体系统

手术部常用的医用气体有氧气、真空吸引、压缩空气、氧化亚氮(笑气)、二氧化碳、氮气、氩气和氦气等。同时,手术过程中还有麻醉废气产生。氧气、压缩空气和负压吸引作为医院常用医用气体通常集中设置气体机房,二氧化碳、氧化亚氮等特殊气体通常采用专门设置汇流排供应源的方式。

智慧手术部通过对接区域阀门箱以及手术间气体阀门箱内的表阀,采集各类气体在手术部区域内的使用状态,保证气体使用安全。同时对接汇流排系统,实时监测汇流排气体供应状态,按照设定的余量阈值自动提醒提示更换气瓶。

2.2.3 给水排水系统

手术部给水排水系统主要包含生活区用水以及洁净区洗手池用水。考虑储水设备的清洗消毒,通常采用直接供水方式,并且热水系统设置循环供水,确保用水点打开用水开关后在较短时间内出热水。

智慧手术部系统包括冷热水用水量采集和计量,同时洗手区也可结合洗手区 AI 技术实现手术医生洗手过程的监测,加强手卫生管理。

2.2.4 配电系统

手术部为一级负荷,采用独立双路电源供电,有生命支持电气设备的手术部需设应急电源,相关的设计及设施配置须满足《医疗建筑电气设计规范》(JGJ 312—2013)的要求。供电设备包含在线监测功能,对用电设备的运行状态、系统谐波率、绝缘监测等性能均需实现在线实时监测。

智慧手术部系统与供电系统对接在线数据监测,结合设备定位、手术排班等对重要设备进行日常巡检及术中的监测观察,在性能参数发生异常时立刻示警并自动推送信息,通知维护人员采取应急操作。

2.2.5 消防系统

手术部作为医疗建筑的一部分,消防系统的设计以及消防设施的配备需满足《建筑设计防火规范》(GB 50016—2014)、《自动喷水灭火系统设计规范》(GB 50084—2017)、《消防给水及消火栓系统技术规范》(GB 50974—2014)、《火灾自动报警系统设计规范》(GB 50116—2013)等相关设计规范的要求,同时系统联动需纳入建筑整体消防系统统一设置。

智慧手术部运维平台是医院运维平台的组成部分,通常智慧手术部运维平台不单独设置安防、消防模块,手术部内相关设备设施接入医院运维平台并实现数据的融合与贯通。医院运维平台对手术部区域实行区域安全级消防安全监管,安消模块在联动预警方面实现全院同步。

2.3 医院网络

医院网络不仅是一个互联网、局域网、物联网一体化的高可用、高安全的综合承载网络,更是一个智能化的信息传输系统。一般分为内网(如 HIS、EMR 等业务)、外网(如互联网访问等业务)和设备专网(如视频监控、楼宇控制等业务)三部分,三者通过网闸等设备安全隔离。

2.3.1 内网

内网,即医院内部网络,不仅是医院局域网,也包含医疗物联网,其主要功能是实现医院内部各科室、设备之间的高效互联,支持医疗业务流程的无缝对接,将各种医疗资源(人员、设备、器械、耗材、环境等)全面互联,以实现智能化识别、定位、跟踪和监管,为智慧医院提供坚实的数据传输基础。它采用高性能、高冗余的有线、无线、物联网融合接入的模块化设计,以确保网络的高可用性和稳定性。

智慧手术部物联网是指利用物联网技术,将手术部内各种医疗设备、手术器械、手术耗材、人员以及环境等资源实现智能化连接与管理、信息共享和协同工作、全程追溯和监控预警,以实现手术过程的精细化管理、手术资源的优化配置和手术安全的全面保障。智慧手术部物联网还需要与智慧医院系统相连通,实现手术信息的共享和协同工作。

智慧手术部对网络系统在带宽、延时、稳定性与可靠性、抗干扰能力、安全性等方面的要求极为严格。

(1) 带宽要求:手术高清视频传输、医学影像共享等应用对带宽提出了高要求,避免因带宽不足导致卡顿或延迟现象。

(2) 低延时要求:手术机器人、远程手术等要求网络系统具备极低的延时特性,以保障手术的实时性和精准性。

(3) 稳定性与可靠性:避免因网络故障导致的手术中断或数据丢失,要求网络架构合理、设备冗余充足、故障恢复机制完善。

（4）抗干扰能力：手术部内电磁环境复杂，需要具备强大的抗干扰能力，确保信号传输的稳定性和准确性。

（5）安全性：手术涉及大量敏感信息和患者隐私，如手术影像记录等，必须严格遵守相关安全标准和规定，采取加密传输、访问控制、安全审计等措施，确保数据安全无虞。

2.3.2 外网

外网，即医院外部网络，主要承载医院的非核心业务，外网提供互联网访问、互联网医院、信息发布、行政办公等服务。同内网类似，外网采用有线或无线局域网接入，以满足医护人员访问互联网的需求。另外，外网在保证安全性的条件下还承担着连接各级卫生健康委员会、医疗保障局、银行、其他院区等管理或业务部门，并支撑数据上报、医保结算、银行支付等业务。

智慧手术部应用，例如远程手术操作、远程手术指导、远程手术示教、远程手术会诊等，对外网的要求非常严格，需要高带宽、低延迟、持续稳定、安全可靠的网络环境支持。

2.3.3 设备专网

医院设备专网，主要承载视频监控、门禁、智能楼宇控制等智能系统，旨在实现楼宇内各智能化设备之间的数据交换和控制指令传递，以及与内外网等其他网络的安全隔离和数据交互。这种精细化的网络划分，提高了智慧医院数据传输的效率和安全性。

智慧手术部的设备专网采用的是医院设备专网，并不单独组建。主要包括安防视频监控、消防、楼宇自控、门禁一卡通等。

设备专网实现医院内各种智能设备之间的互联互通，将不同品牌的智能设备进行集成，实现统一管理和控制。支持高速、实时的数据传输，确保医院内各种设备的正常运行和响应。通过设备专网，可以对楼宇内的各种设备进行远程监控和管理，提高运维效率。

设备专网通常采用三层（核心层/汇聚层/接入层）安全网络架构。

（1）核心层：负责数据的高速转发和路由选择，通常采用高性能的交换机或路由器。

（2）汇聚层：实现区域网络的汇聚和访问控制，对核心层提供保护，并降低网络复杂度。

（3）接入层：负责连接楼宇内的各种智能设备，提供网络接入服务。

此外，设备专网还采用多种安全技术，如防火墙、入侵检测系统、网闸等，确保网络的安全性和稳定性。

2.3.4 数据中心

医院数据中心，是用于存储、管理和处理医院所有数据的集中化系统。它涵盖了医院运营过程中产生的各种数据，包括患者信息、医疗记录、财务数据等，并通过高效的数据管理和分析，为医院提供决策支持和业务优化。

智慧手术部的数据中心是医院数据中心的重要组成部分，主要包括患者手术信息、手术富媒体病历、麻醉电子病历、手术护理电子病历、手术质量与安全数据等大量围术期医疗相关数据。

智慧手术部基于数据中心的应用主要包括以下内容。

（1）海量数据存储：具备存储大量医疗数据的能力，并具备灵活的数据存储机制，如对手术医疗影像及病历数据进行长期存储，监控数据选择短期存储或不存储等方式，进行不同的存储时效管理。

（2）数据安全与备份：数据中心采用先进的数据加密、访问控制和安全审计技术，确保数据的完整性和安全性。同时，通过定期备份和恢复机制，确保在数据丢失或损坏的情况下能够迅速恢复。

（3）数据清洗与转换：数据中心能够对采集到的原始数据进行清洗和转换，去除冗余和错误信息，提高数据的准确性和可用性。

（4）多科室数据共享：数据中心支持不同科室之间的数据共享与协作，打破信息孤岛，提高医疗服务的效率和质量。

（5）跨机构数据交换：在保障数据安全的前提下，数据中心还可以实现跨机构的数据交换和共享，促进医疗资源的优化配置和区域医疗协同。

（6）数据中心基础设施的组成包括：配电系统、冷却系统、机柜与布线、网络、存储、服务器等。数据中心基础设施的关键技术包括：虚拟化技术、云计算技术、大数据技术、物联网技术等。

2.3.5 信息安全

医院信息安全设施是确保医院信息系统安全、稳定运行的重要基础。这些设施涵盖了多个方面，旨在保护医院数据的完整性、保密性和可用性。主要包括：防火墙、入侵防御系统、网络地址转换与虚拟局域网、终端准入控制系统、防病毒软件、桌面终端安全管理软件、数据备份与恢复系统、数据加密技术、数据库审计系统、身份认证系统、访问控制系统、漏洞扫描设备、日志审计系统。

智慧手术部的信息安全基于医院信息安全建设基础上，对于信息系统具备身份认证与访问控制、数据加密与隐私保护、安全审计与日志管理、系统备份与灾难恢复、物理安全以及智能安全监控与管理等多个方面共同构成安全保障体系。

2.3.6 信息技术应用创新

信息技术应用创新，即信创，是指基于国产化的基础设施[芯片、存储器、整机(服务器、PC)、固件等]、基础软件(操作系统、中间件、数据库)、应用软件、信息/网络安全等信息技术产品生态体系的技术创新。随着国家信创战略的深入实施，信创在卫生健康领域的应用正逐步深入，成为推动医院信息化建设和高质量发展的重要力量。在智慧医院建设，包括智慧手术部建设中，信创不仅能够确保信息安全和合规性，增强自主控制能力，还能在信创改造中促进换代升级，推动新一代信息技术与卫生健康行业的深度融合，促进医疗机构的数字化转型和智慧建设。

信创产品作为智慧医院和智慧手术部的核心组件，是构建自主可控信息技术体系的基础。随着信创产业的不断发展，国产芯片的性能和生态将不断完善，逐渐替代进口芯片，越来越多的整机厂商推出了一系列基于国产处理器和操作系统的信创整机产品。国产操作系统和国产数据库取得了长足的进步，涌现出了一批优秀的信创产品。紧随国家高质量发展脚步及信息化战略发展要求，未来几年国内医院信息化基础设施及系统等将逐步过渡到国产化。随着信创产业的不断发展壮大，相信未来会有更多的优秀产品和服务涌现出来，为智慧医院建设和智慧手术部发展提供有力支撑。

2.4 医疗设备

2.4.1 手术室医学装备

手术室医学装备具体配置详见《手术室医学装备配置标准》(WS/T 835—2024)。

2.4.2 设备集成管理平台

在智慧手术部建设中,对监护仪等设备数据的自动采集存在最直接要求,床边监护设备数据的自动采集、存储和回放是其中最关键的技术。由于医疗设备种类繁多、品牌型号更是数不胜数,设备数据输出协议与接口也没有国际标准,同一厂家的不同型号的设备协议都不一定相同,操作方法也不尽相同。因此,医疗设备集成也就成为了手术临床信息化的关键技术。

医疗设备集成管理平台是即插即用开放式系统,平台采用多种技术手段对不同类型、不同厂家、不同协议的各种设备数据进行多模态的采集、解析、存储、分发、展示、管理(图2-1)。

即插即用实现床旁设备数据整合。采用一对多采集模式,即一台设备采集工作站同时与多台设备(包括中央站)进行连接、数据采集,采集工作站获取到设备数据后上传到数据库服务器。采用一对一采集模式,即每台设备采集工作站只与一台设备进行连接、数据采集,采集工作站获取设备数据后上传到数据库服务器。由于设备产生的数据量巨大,设备集成平台需采用大数据技术来保证高质量、高并发、无阻塞的数据采集和利用。支持同时采集多个厂家的不同型号的监护仪、呼吸机、麻醉机、血气分析仪、肺功能、肌电、心电、脑电、CT、MRI、CR、DR、数字血管造影机(Digital Subtraction Angiography,DSA)、ECOM、PICCO、超声、胃镜、肠镜等医疗设备的数据。

统一标准接口支持跨区域数据展示。医疗设备集成管理平台采用统一数据传输的接口规范,实现医疗设备与医院信息系统的互联互通,为智慧医院和智慧手术

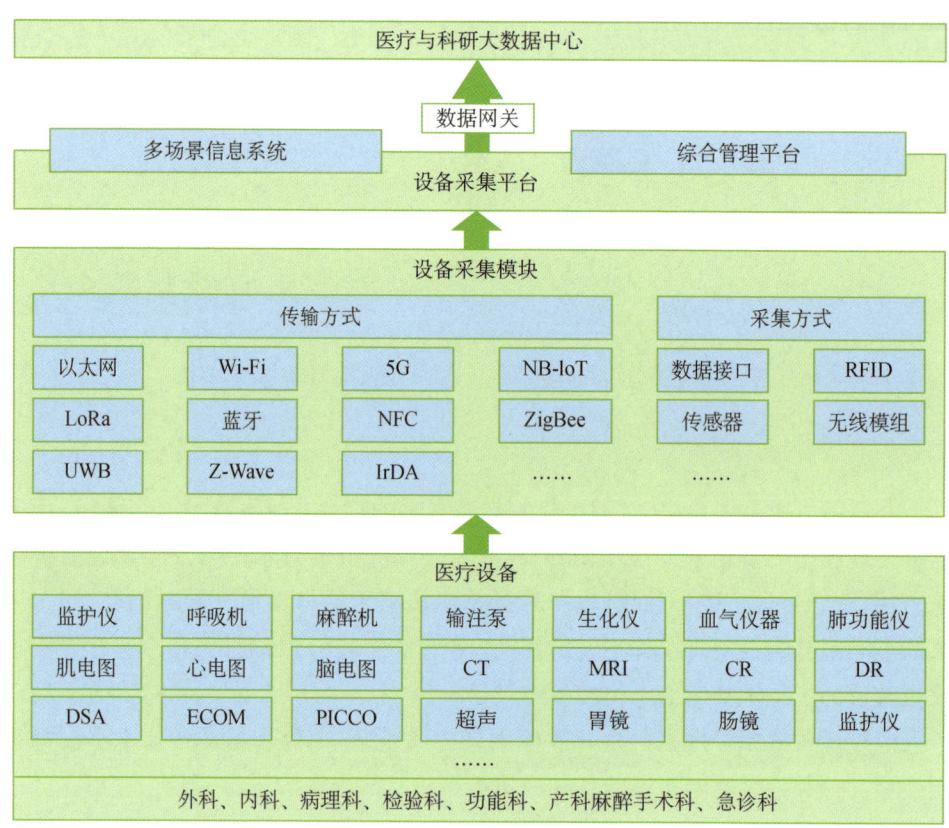

图2-1 医疗设备集成平台

部打下基础。设备数据采集与解析后,通过数据网关将设备私有协议转化为标准协议(Health Level 7,HL7)接口、消息队列服务及数据库视图服务等方式输出,支持跨科室、跨院区部署,满足不同医院信息系统的需要。

医疗设备集成管理平台能够实现对医疗设备实时监控和医疗数据深度分析,为智慧手术部提供风险识别和预警,包括患者生命体征、设备运行状态等关键指标。一旦监测到异常数据或设备故障,立即触发预警机制,通知相关人员及时干预处理。能够为患者提供个性化的健康管理服务,为临床决策和科研提供支持,帮助制订更加精准、高效的手术治疗方案。能根据患者的健康状况变化,推送针对性的健康教育内容和生活方式建议,增强患者的自我管理能力。

2.5 信息系统

从智慧手术部需求来看,要实现整个围手术期的信息化和智能化,医院信息系统建设不仅涉及大量医护人员、手术床位、设备、器械、耗材、药品、血液、标本等大量资源调度,还涉及院内医疗、行政、运营、科研等众多信息系统的互联互通,对外更需要与远程医疗平台、互联网医院、区域医疗信息平台连接提供跨机构服务,以确保医院信息的高度交互共享和业务的系统性协同。

2.5.1 医院信息平台

医院信息平台主要用于连接两个或更多的应用程序,简化不同软件应用系统之间的通信,使它们像一个整体一样进行业务处理和信息共享。该平台能够实现医院内部各信息系统功能,如 HIS、CIS 等,并能够实现院外系统信息的资源整合和共享交换(即互联互通)。

手术部作为医院的核心部门之一,其运行过程中产生了大量的医疗数据,包括患者基本信息、手术过程记录、医疗设备使用数据、手术部内的环境参数等。这些数据通过信息平台可以得到有效地整合和共享,并在此基础上与其他科室、部门进行业务协同,以持续优化手术部的业务流程。信息平台可以为手术部管理提供运行过程中的各项数据指标,如手术量、手术成功率、术后并发症发生率等。通过对这些数据指标的综合分析,来实现手术部运营状况的全面展现和评估,进一步为医院管理层提供决策支持。

2.5.2 医院信息系统

HIS 系统是医院信息化的核心系统,通过广泛整合医院各业务流程和数据,提高医疗效率,优化医疗流程,提高服务质量。

智慧手术部可以通过与 HIS 系统集成,查看患者基本信息、医嘱信息、住院信息、手术申请信息、医院科室字典、医院人员字典等。手术产生的手术排班信息、手术麻醉收费信息等回传至 HIS，从而成为医院统一医疗记录管理体系的关键内容。

2.5.3 电子病历系统

EMR 是以电子化方式记录与管理患者历次所有诊疗活动全过程完整信息的信息资源库。以电子病历为核心的医院信息化建设是智慧医院重要组成部分，电子病历与手术部相关的主要是治疗信息处理中的手术预约与登记、麻醉信息两部分内容。

（1）手术预约与登记主要内容：手术记录数据与手术安排衔接，成为医院统一医疗记录管理体系内容；提供机读手段标识患者并提示部位、术式、麻醉方式的信息；实现手术分级管理，针对手术医师进行权限控制。具有对手术全过程状态记录及在院内显示功能；手术过程信息、手术物品清点与核对数据成为手术记录内容；根据检查、检验结果、患者评估信息和知识库，对高风险手术能给出警示；对于术前文档有完整性检查，并对问题给出提示。能够获取患者在其他医院手术记录信息，手术记录结果可供其他医院使用，有患者身份标识号对照功能，可告知患者家属手术进行状态等信息；能够获得区域手术分级信息以及难度、数量指标、质量指标，并用于与本院手术难度与数量、质量指标对比。

（2）麻醉信息主要内容：麻醉机、各种监护仪等仪器使用计算机自动采集和记录，记录术中用药情况并在麻醉记录单中体现，自动风险评分。麻醉记录数据纳入医院整体医疗记录，判断麻醉过程中出现的非正常监测参数，并在麻醉记录单和相关图表中显示。麻醉过程重要信息可全程进行记录和显示；在麻醉过程中出现危急生理参数时，根据知识库进行自动判断并给出提示。可获得其他医院病历中的麻醉记录信息，用于术前访视与风险评估参考；能够获得区域麻醉质量控制指标，并用于与本院麻醉质量进行对比分析。

智慧手术部应用从 EMR 中获取患者入院记录、诊断记录、住院医嘱等数据，并将术前访视单、诱导记录单、麻醉知情同意书、三方核查单、麻醉记录、术后随访单、术后镇痛单、麻醉总结单等数据回传至 EMR。

2.5.4 实验室信息系统

实验室信息系统（Laboratory Information System，LIS）是用于医院检验科智能化、自动化和规范化的管理信息系统。LIS 需融入全院信息系统中，集样本管理、流程管理、资源管理、数据管理、质量控制、报告管理等于一体,为临床提供治疗依据,实现 LIS 数据全院共享或区域共享。

智慧手术部应用从 LIS 中获取检查结果、检查报告、阳性指标、感染标志等数据,根据患者的实验室检验结果来制订麻醉方案和手术计划。LIS 通过提供及时、准确的检验结果,为手术麻醉提供了重要的决策支持。

2.5.5 病理信息系统

病理信息系统(Pathology Information System,PIS)是主要用于支持病理诊断与治疗,具备病理图像采集与传输、病理图像处理与分析、病理诊断、病理治疗方案推荐、病理结果报告等多种功能。

智慧手术部应用从 PIS 中获取关键病理诊断和评估报告,支持术前病变诊断,PIS 提供了准确的病变性质和范围信息,有助于制订合适的手术方案;支持术中监测与评估,实时监测病变组织切除情况,有助于外科医生在手术过程中及时调整手术策略,确保病变组织的彻底切除;支持术后复发风险评估,支持术后治疗指导,提供针对性建议和疾病预后评估。支持术中冰冻病理检查,术中冰冻检查是病理系统在手术部中的一种特殊应用方式,具有快速有效的特点,为手术台上医生选择手术方式及切除范围提供明确依据。病理系统在手术部的应用涵盖了术前、术中和术后多个环节,为外科医生提供了重要的病理诊断和评估信息,有助于确保手术的顺利进行和患者的安全。

2.5.6 医学影像归档和通信系统

医学影像归档和通信系统(Picture Archiving and Communication System,PACS)是实现医学影像信息资料电子化传输、存储、后处理与应用调阅的信息系统。

智慧手术部应用需实时查看患者的医学影像资料,术前、术中阅片以了解病情、监测手术进展和评估麻醉效果。PACS 通过提供高质量的影像资料和快速的检索服务,为手术麻醉提供了重要的技术支持。现代 PACS 不仅支持多种影像格式的存储和传输,还提供了丰富的辅助诊断功能,如三维重建、图像分析等,进一步提升了 PACS 在智慧手术部中的应用价值,为医生提供了更加全面、准确的影像支持。

2.5.7　消毒供应中心管理系统

消毒供应中心管理系统通过标准化、规范化的管理流程，来加强消毒供应中心内部质量控制，实现重复使用的诊疗器械、器具和物品的回收、清洗、消毒、灭菌、存储以及无菌物品供应的全程各环节可追溯的标准化流程控制，以保障医疗质量和医疗安全。

手术部作为医院内对无菌要求极高的场所，其手术器械的清洗、消毒和灭菌工作完全依赖于消毒供应中心。智慧手术部与消毒供应中心管理系统对接，实现工作流程的紧密衔接，可确保手术的顺利进行，有效减少器械流转可能带来的交叉感染风险。

2.5.8　医院资源管理系统

医院资源管理系统（Hospital Resource Planning，HRP）是整合包括人力、绩效、后勤、成本、财务、预算、物资、资产等管理内容实现各系统间联动管理的信息系统。

HRP 系统通过整合医院内部的人力、物资和设备等各种资源，为智慧手术部提供全面支持。通过合理的资源配置，可以确保手术过程中所需的人员、物资和设备得到及时、充足的供应，从而保障手术的顺利进行。

2.5.9　医院污物管理系统

医院污物管理系统是专门针对医院环境设计的，用于高效、安全地处理各类医疗污物和生活污物的综合性解决方案。它通常包括智能分类、自动收集、密闭运输、专业处理和实时监控等功能模块。医院污物管理系统关注医院内部各类污物的综合管理，更注重提升医院污物处理的效率和自动化水平。

手术部污物管理是医院污物管理中的重要组成部分，需要确保手术过程中产生的各类污物得到及时、安全、有效的处理，以防止交叉感染和环境污染，实现对手术部污物的全程监控和管理。

3

智慧手术部场景建设

3.1 手术区

3.2 办公生活区

智慧手术部建设需要结合具体的功能区域,每个功能区域对应若干不同的智慧化场景。功能区域主要包括手术区、办公生活区等。本章具体阐述各功能区域下与每个智慧化场景相关的服务对象、使用时间、核心与可选功能、应用技术等内容。医院可以根据项目实际投资情况和管理需求,选择部分建设或全场景进行智慧手术部建设。

各场景强弱电点位预留建议详见附录四表1。

3.1 手 术 区

3.1.1 手术室

手术室是在医院中为患者进行外科手术和紧急救治的重要场所,常配置有手术救治所需的各种仪器和设备。手术室可根据不同角度划分为不同类别(图3-1—图3-3)。

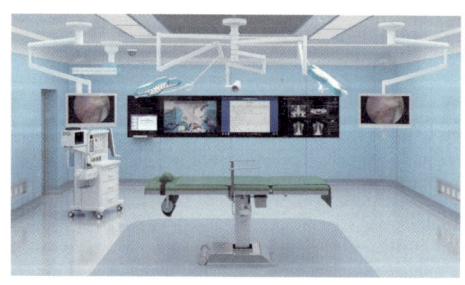

图 3-1 手术室示意图

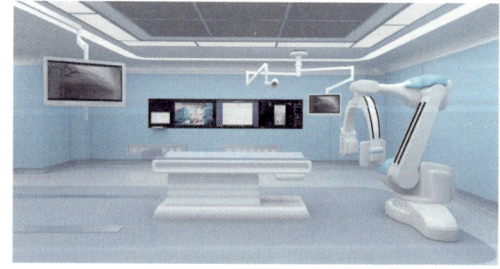

图 3-2 复合手术室示意图

(1)服务对象:手术医生、麻醉医生、护士、护工、外聘专家、实习医生、特许外来人员。

(2)使用时间:手术日常工作期间。

(3)核心功能:为手术医生提供手术富媒体电子病历平台,为麻醉医生提供麻醉临床电子病历平台,为护理人员提供手术护理临床电子病历平台。

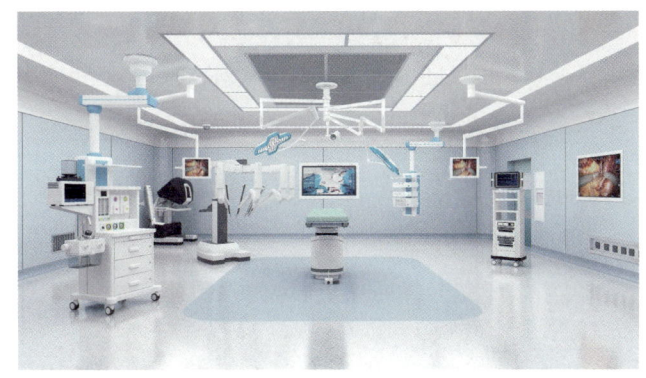

图 3-3　机器人手术室示意图

（4）可选功能：照明、空调温湿度智能管理、医气等环境控制，无影灯、手术床、手术间电动移门等设备控制，AI 智能监测、人机交互、语音控制等智能辅助，远程监测、远程病理、远程标本谈话等术中协同，快速病理报告同步、血气分析等术中共享。

（5）应用技术：视觉识别算法、语音技术、人脸识别、无线射频识别（Radio Frequency Identification，RFID）、网络安全与加密、3D、5G 等。

（6）主要配置：外科病历工作终端、麻醉病历工作终端、手术护理工作终端、无影灯设备、手术床、吊塔、腔镜/显微镜/DSA/CT/MRI/达·芬奇手术机器人等外科微创手术设备、监护仪、麻醉机、术野摄像、全景摄像等。

（7）预留要求：各个终端设备预留强弱电点各 1 个，麻醉、外科/腔镜吊塔上各预留弱电点位 4 个、全景摄像机预留强弱电点位 1 个。

3.1.2　预麻室

手术预麻室也称为麻醉准备室或诱导室，是医院中为患者提供手术前麻醉准备的专门区域（图 3-4）。

（1）服务对象：患者、麻醉医生、护士。

（2）使用时间：患者术前麻醉期间。

（3）核心功能：通过 RFID 手环等方式，再次确认患者身份，进行预麻过程记录，完成术前麻醉准备工作。

（4）可选功能：患者身份核查提醒、与手术室联动提醒。

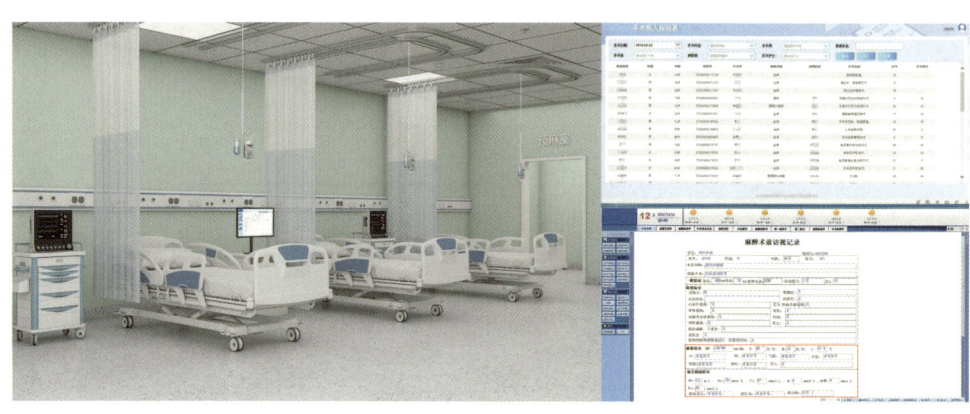

图 3-4 预麻室示意图

（5）应用技术：二维码、RFID、5G、数据通信技术等。

（6）主要配置：预麻室麻醉工作站、手持移动终端、监护大屏等。

（7）预留要求：每台麻醉工作站预留强弱电点位各 1 个于设备带上，大屏预留强弱电点位 1 个。

3.1.3 复苏室

复苏室是专门用于监测和治疗全麻后未苏醒的患者以及已苏醒但尚未稳定的患者的区域（图 3-5）。

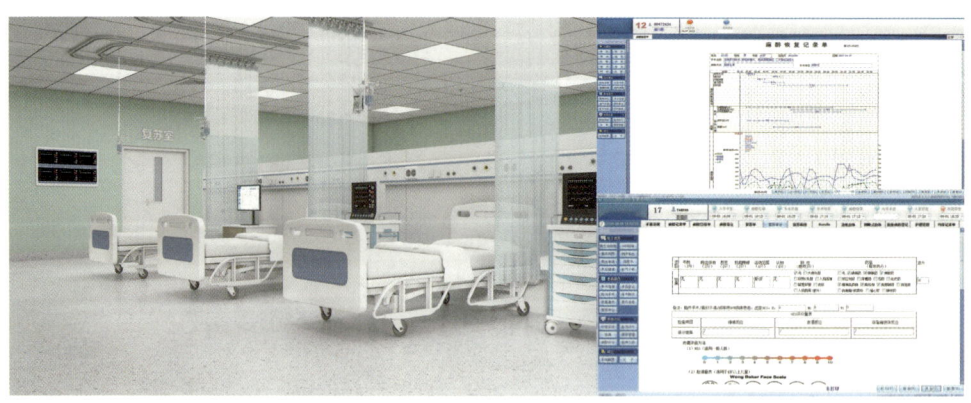

图 3-5 复苏室示意图

（1）服务对象：患者、麻醉医生、护士。

(2) 使用时间:患者术后复苏期间。

(3) 核心功能:通过复苏监护设备,实时监测患者术后的生命体征,对术后复苏过程记录,保证患者安全度过麻醉恢复期。

(4) 可选功能:消息通知、体征异常报警、复苏时长监测提醒。

(5) 应用技术:二维码、RFID、无线通信技术等。

(6) 主要配置:复苏室麻醉工作站、复苏室显示大屏。

(7) 预留要求:每台复苏室麻醉工作站预留强弱电点位各1个于设备带上,大屏预留强弱电点位1个。

3.1.4 麻醉重症监护病房

麻醉重症监护病房(Anesthesia Intensive Care Unit,AICU)是为麻醉后监测治疗室(Postanesthesia Care Unit,PACU)与ICU收治范围之间的患者提供适当的监护治疗的场所,一般由麻醉科医生与手术外科医生对患者进行双重管理(图3-6)。

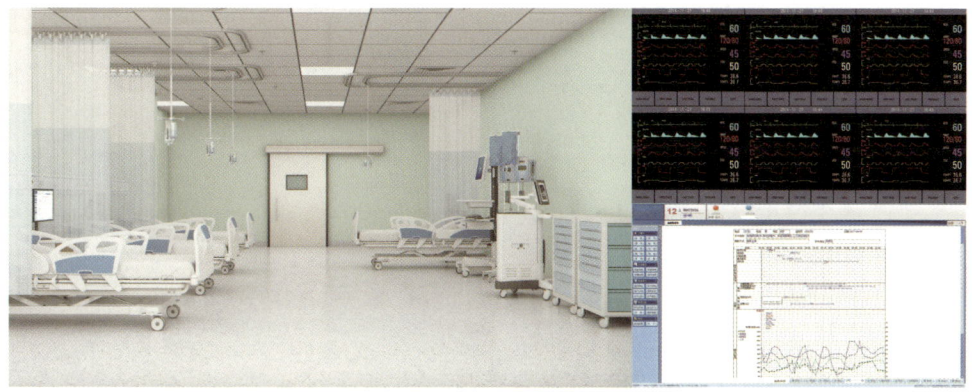

图 3-6　AICU 示意图

(1) 服务对象:患者、麻醉医生、手术医生、护士。

(2) 使用时间:患者术后复苏期间。

(3) 核心功能:通过复苏监护设备,实时监测患者术后的生命体征,对术后复苏过程记录,保证患者安全度过麻醉恢复期。

(4) 可选功能:消息通知、体征异常报警、复苏时长监测提醒。

(5) 应用技术:二维码、RFID、无线通信技术等。

(6) 主要配置：AICU 麻醉工作站、复苏室显示大屏。

(7) 预留要求：每台 AICU 麻醉工作站预留强弱电点位各 1 个于设备带上，大屏预留强弱电点位 1 个。

3.1.5 护士站

护士站是承担着患者接待、问询、导医、流程说明、注意事项告知以及护士工作平台等多重功能的综合调度场所（图 3-7）。

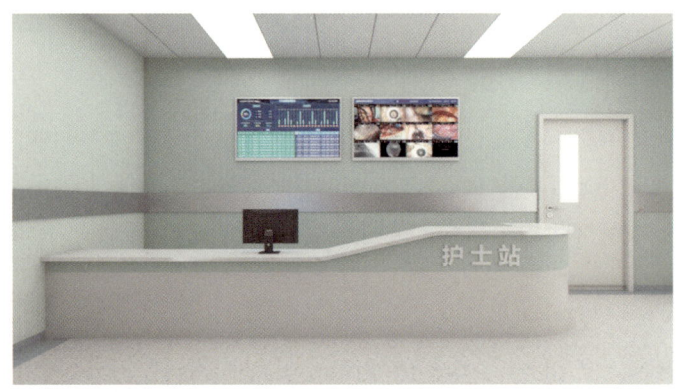

图 3-7　护士站示意图

(1) 服务对象：手术室护士。

(2) 使用时间：手术日常工作期间。

(3) 核心功能：通过手术监测平台、中央群控系统、对手术部人和物进行整体资源调度。

(4) 可选功能：广播呼叫、音视频交互。

(5) 应用技术：云视讯技术、网络安全与加密技术等。

(6) 主要配置：手术监测终端、护士站显示大屏。

(7) 预留要求：手术监测终端预留强弱电点位 1 个；每个大屏预留强弱电点位各 1 个。

3.1.6 洁净走廊

洁净走廊是手术室与其他洁净辅助用房之间的连接通道，以保障手术过程中的物流、人流的顺畅与洁净（图 3-8）。

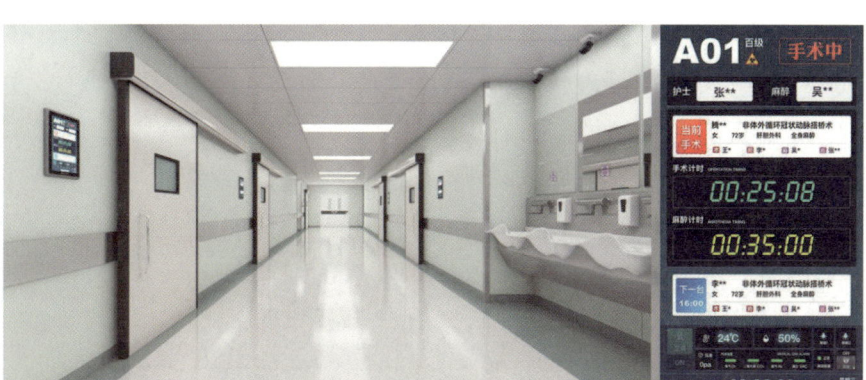

图 3-8　洁净走廊示意图

（1）服务对象：患者、手术医生、麻醉医生、护士、护工、实习医生、特许外来人员。

（2）使用时间：手术日常工作期间。

（3）核心功能：快速查询手术室位置及手术安排，查看手术室状态、手术信息、远程监护信息等手术室实时信息。

（4）可选功能：术间门口直接控制手术室环境。

（5）应用技术：人脸识别、自动化控制技术、信息融合技术等。

（6）主要配置：术间门口智能管理终端、洁净走廊智能查询终端。

（7）预留要求：各个终端处预留强弱电点位。

3.1.7　污物走廊

污物走廊是确保手术室产生的废弃物、污染物等能够迅速、安全运出的通道，以避免医疗废弃物对手术室环境造成二次污染（图 3-9）。

（1）服务对象：护士、护工。

（2）使用时间：术中换台和每日手术结束后的打扫时间。

（3）核心功能：与智慧手术室实现一体化运作，实现术后废弃物快速处置、运输。

（4）可选功能：机器人运送、消息通知、工勤人员派单。

（5）应用技术：人脸识别、RFID、导航定位技术等。

（6）主要配置：物流机器人、智能传感和控制模块、智能照明系统。

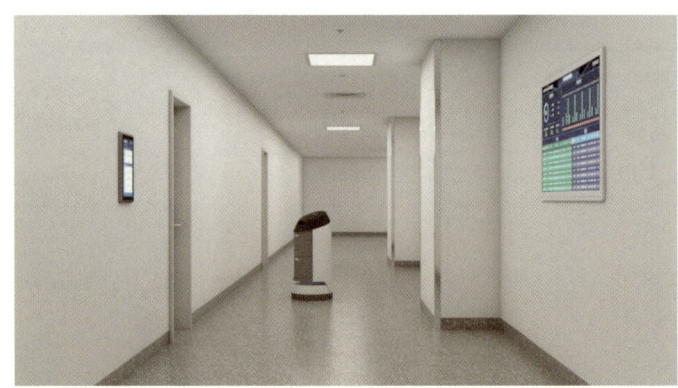

图 3-9 污物走廊示意图

（7）预留要求：预留强弱电点位若干。

3.1.8 精麻药品库房

精麻药品库房是专门用于存储和管理具有毒性和麻醉、精神类药品的仓库（图 3-10）。

图 3-10 精麻药品库房示意图

（1）服务对象：麻醉医生。
（2）使用时间：手术日常工作期间。
（3）核心功能：通过员工芯片（Integrated Circuit，IC）、账户密码、指纹或人脸识别进行身份认证领取毒麻药品。
（4）可选功能：消息通知、领取异常报警、库存低量预警、手术安排提醒。

（5）应用技术：人脸识别、指纹识别。

（6）主要配置：精麻药品计数存放柜，精麻药品推车，精麻药品冷藏柜。

（7）预留要求：精麻药品计数存放柜每台预留强弱电点位各1个；精麻药品冷藏柜每台预留强弱电点位各1个。

3.1.9 高值耗材室

高值耗材室是手术室所需高值耗材的管理、采购、存储、分发和使用监控区域（图3-11）。

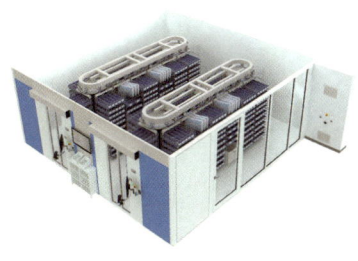

图3-11 高值耗材室示意图

（1）服务对象：手术医生、手术护士、巡回护士。

（2）使用时间：手术日常工作期间。

（3）核心功能：通过员工IC卡、指纹或人脸识别进行身份认证，发放高值耗材。

（4）可选功能：消息通知、效期管理通知、领取异常报警、库存低量预警、物资结算。

（5）应用技术：立体化集约式存储技术、人脸识别、指纹识别、RFID、网络安全与加密技术、自动化存取技术、自动化检索技术等。

（6）主要配置：RFID芯片、耗材管理柜、水平回转库。

（7）预留要求：每台高值耗材柜预留强弱电点位各1个，水平回转库每台预留强弱电点位各4个。

3.1.10 无菌器械室

无菌器械室是手术室所需各类器械包的存储、管理、消毒、分配及维护的特定区域(图 3-12)。

 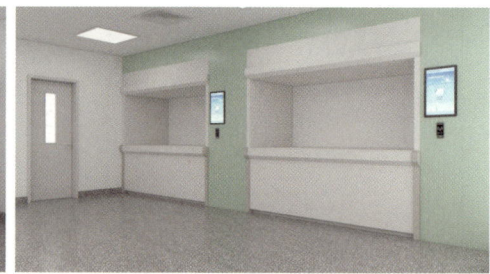

图 3-12　无菌器械室示意图

（1）服务对象：手术医生、手术护士、巡回护士。

（2）使用时间：手术日常工作期间。

（3）核心功能：通过员工 IC 卡、指纹或人脸识别进行身份认证发放无菌器械包。

（4）可选功能：消息通知、效期管理通知、库存低量预警、自动盘库、物资结算。

（5）应用技术：立体化集约式存储技术、高压缩率自动化货位分配技术、人脸识别、指纹识别、RFID、网络安全与加密技术等。

（6）主要配置：RFID 芯片、手供一体化存储库。

（7）预留要求：每层设备开口处预留强弱电点位各 4 个。

3.1.11 拆包间

拆包间是手术部洁净物品、辅材和外来药品进入手术部前，进行清点、交接、签收货物或拆掉货物的外包装，以及将物品和材料分类入库的专用场所，也具有将处理好的无菌物品和一次性物品传递给手术室内部的空间功能(图 3-13)。

（1）服务对象：护士、护工。

（2）使用时间：手术日常工作期间。

（3）核心功能：给洁净物品分类安置 RFID 标签或其他更先进的追踪技术，实现对物品的精准管理。

图 3-13 拆包间示意图

（4）可选功能：物流传输系统。
（5）应用技术：二维码识别技术、RFID 等。
（6）主要配置：含 RFID 芯片的敷料包/器械包。
（7）预留要求：预留强弱电点位 1 个。

3.1.12 医疗设备间

医疗设备间是医院手术室中专门用于存放、管理和维护手术所需医疗设备及仪器的区域(图 3-14)。

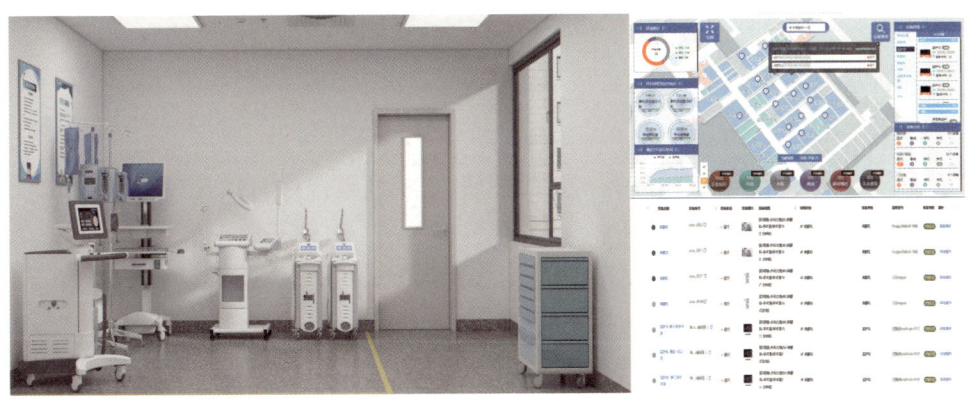

图 3-14 医疗设备间示意图

（1）服务对象：医生、护士、护工。
（2）使用时间：手术日常工作期间。

(3) 核心功能：通过设备管理平台、定位网络、能耗管理插件获取相关设备的定位、使用情况，支持对设备进行全生命周期管理。

(4) 可选功能：医疗设备定位、医疗设备能耗分析。

(5) 应用技术：RFID、大数据分析技术等。

(6) 主要配置：定位芯片、物联网基站。

(7) 预留要求：每个物联网基站处吊顶预留强弱电点位各1个。

3.1.13 病理标本室

病理标本室是病理科进行标本转运、处理、保存和初步分析的关键场所（图3-15）。

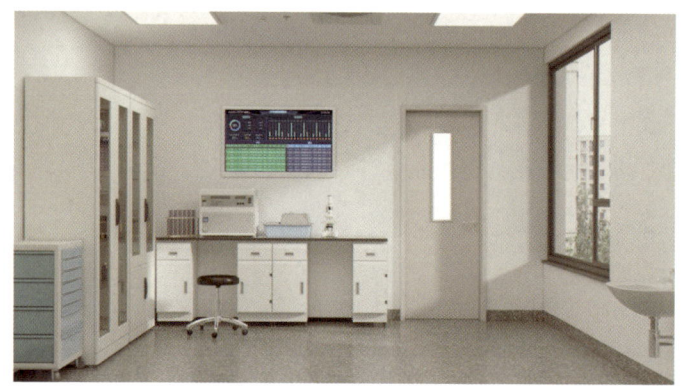

图3-15 病理标本室示意图

(1) 服务对象：手术室护士、病理科医生。

(2) 使用时间：手术日常开展期间。

(3) 核心功能：常规病理标本智能存储、常规病理送检与接收管理、快速病理诊断。

(4) 可选功能：身份识别、温度控制、温感提醒、留置时长提醒。

(5) 应用技术：人脸识别、RFID、无线通信技术等。

(6) 主要配置：智能标本柜、管理工作站。

(7) 预留要求：预留强弱电点位各1个。

3.1.14 换鞋区

换鞋区是医护人员从非洁净区进入手术室的第一个必经之地，一般设立换鞋矮凳进行明显的洁污区域分隔,并供医护人员换鞋(图 3-16)。

图 3-16　换鞋区示意图

（1）服务对象：手术医生、麻醉医生、护士、医辅人员等。

（2）使用时间：准入人员进更衣区前、出更衣区后。

（3）核心功能：通过员工 IC 卡、指纹或人脸识别进行身份认证,发放相应尺码手术专用鞋。

（4）可选功能：消息通知、手术鞋低量预警、手术安排提醒。

（5）应用技术：人脸识别、自动化控制技术、RFID、信息融合技术等。

（6）主要配置：手术专用鞋、智能发鞋机、智能存鞋柜。

（7）预留要求：智能发鞋机预留强弱电点位各 1 个,智能存鞋柜每台主柜处预留强弱电点位各 1 个。

3.1.15　更衣区

更衣区是医护人员更换手术衣帽、口罩和临时存放私人衣物的专用区域,为保证手术部洁净,进入手术部前必须在此更换手术衣帽(图 3-17)。

（1）服务对象：手术医生、麻醉医生、护士、医辅人员等。

（2）使用时间：准入人员进手术部限制区前、出手术部限制区后。

（3）核心功能：通过员工 IC 卡、指纹或人脸识别进行身份认证发放相应号码手术衣。

（4）可选功能：消息通知、手术衣低量预警、手术安排提醒。

图 3-17　更衣区示意图

（5）应用技术：人脸识别、RFID、自动化控制技术、信息融合技术等。

（6）主要配置：手术专用衣、智能收发衣机、智能存衣柜。

（7）预留要求：智能收发衣机预留强弱电点位各 1 个；智能存衣柜每台主柜处预留强弱电点位各 1 个。

3.1.16　医护入口

医护入口是医护人员进入手术部的专用通道，以确保该区域的封闭性和安全性（图 3-18）。

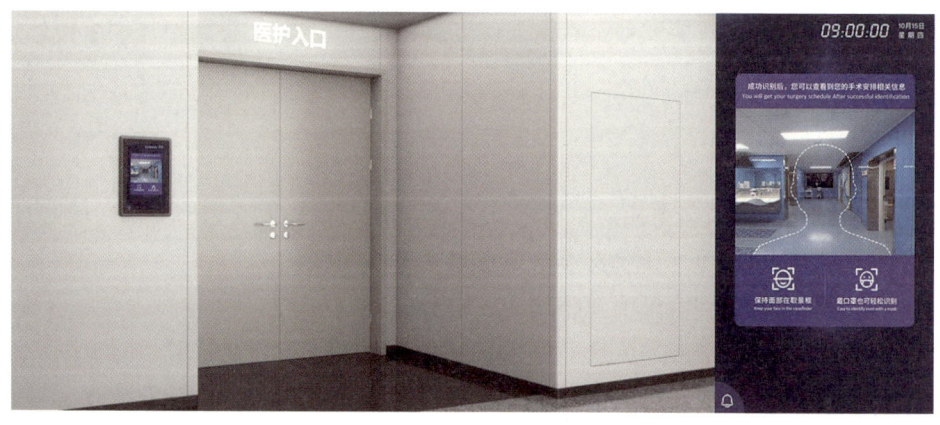

图 3-18　医护入口示意图

（1）服务对象：手术医生、麻醉医生、护士、医辅人员等。

（2）使用时间：准入人员按照准入时间进入手术部区域。

（3）核心功能：通过员工卡、人脸识别或可视呼叫获得准入权限，进入手术部区域。

（4）可选功能：准入权限与手术排班系统相结合。

（5）应用技术：人脸识别、RFID、近距离无线通信技术（Near Field Communication，NFC）、网络安全与加密等。

（6）主要配置：手术部准入终端、门禁系统。

（7）预留要求：预留手术部准入终端处强弱电点位各1个。

3.1.17 洗手区

洗手区是手术部的一个重要功能区域，主要供医护人员在手术前进行外科手消毒，以确保手术过程中的无菌操作，降低手术部位感染的风险（图3-19）。

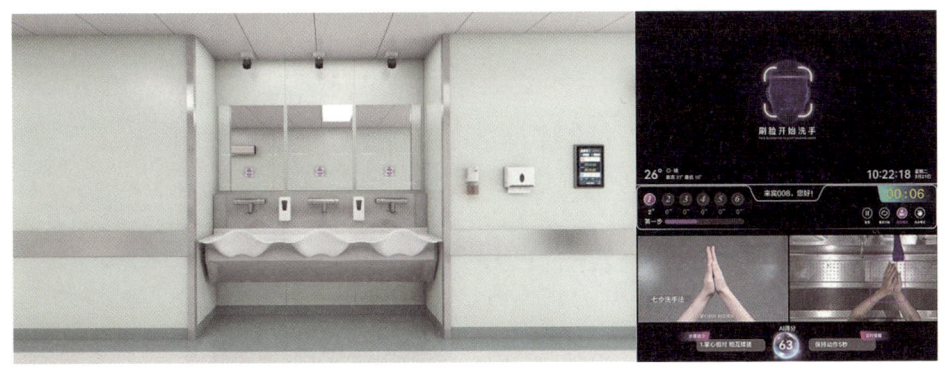

图3-19 洗手区示意图

（1）服务对象：手术医生、麻醉医生、护士。

（2）使用时间：手术日常工作期间。

（3）核心功能：提供外科手消毒教学引导，自动监测识别洗手是否规范，并进行洗手规范性测评。

（4）可选功能：水龙头自动出水控制，手卫生依从性管理。

（5）应用技术：人脸识别、视觉识别算法、自动化控制技术等。

（6）主要配置：手卫生管理终端。

（7）预留要求：各个终端处预留强弱电点位。

3.1.18 患者出入口

患者出入口是患者从非洁净区进入手术室洁净区的特定通道或区域,它通常配备必要的设施,并遵循一定的规范流程,以确保患者在进入手术室前能够符合手术室的无菌和清洁要求(图3-20)。

图 3-20 患者出入口示意图

(1)服务对象:手术患者、护士等。

(2)使用时间:患者手术日进入手术部前。

(3)核心功能:通过 RFID 自动识别、扫描手环等方式,确认患者身份,允许手术状态达到准备状态的患者进入手术部区域。

(4)可选功能:患者身份核查提醒、患者全流程时间管理、工勤工作量记录。

(5)应用技术:二维码、RFID、传输技术等。

(6)主要配置:患者信息核对终端。

(7)预留要求:预留患者信息核对终端强弱电点位各1个。

3.1.19 手术室谈话间

手术室谈话间是手术全过程医生与患者家属之间的沟通和交流区域(图3-21)。

(1)服务对象:患者家属、手术医生。

(2)使用时间:患者手术进行期间。

(3)核心功能:通过音视频方式与患者家属进行术中情况的沟通,同屏展示患

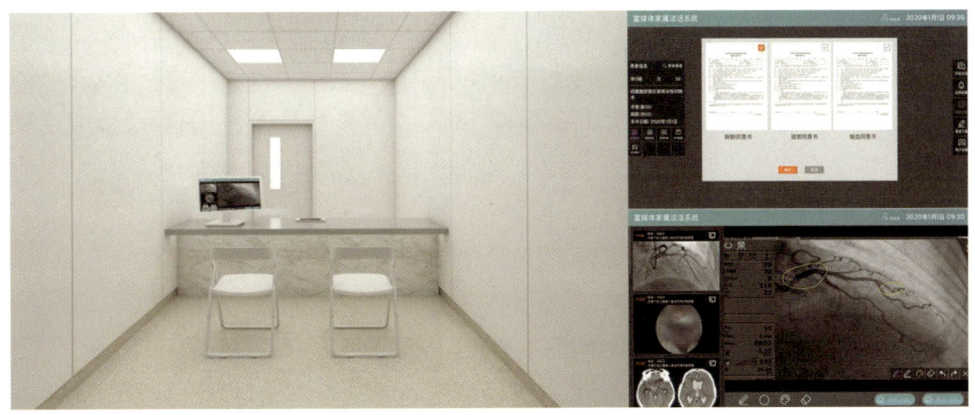

图 3-21　手术室谈话间示意图

者手术信息。

（4）可选功能：智能谈话终端与病理信息系统相结合，电子签名确认等。

（5）应用技术：人脸识别、员工 IC 卡、云视讯等。

（6）主要配置：手术智能谈话终端、拾音器、话筒、场景摄像机等。

（7）预留要求：预留手术智能谈话终端强弱点位 1 个。

3.1.20　家属等候区

家属等候区是手术部内外之间的过渡区域，专为手术患者的家属提供等候服务（图 3-22）。

图 3-22　家属等候区示意图

（1）服务对象：患者家属。

（2）使用时间：患者接受手术进行期间。

（3）核心功能：通过手术公告系统、广播实时了解手术进程，手术过程中方便医生及时联系患者家属。

（4）可选功能：消息通知、手术进程提醒。

（5）应用技术：自动广播技术、无线通信技术等。

（6）主要配置：专用显示屏、广播系统。

（7）预留要求：预留专用显示屏的强弱电点位各1个。

3.2 办公生活区

3.2.1 专家办公室

专家办公室是为手术室内的专家提供办公、会议、教学等功能的场所，一般与手术室及其他辅助用房保持合理的距离，以确保工作的便利性和无菌环境的维护（图3-23）。

图3-23 专家办公室示意图

(1) 服务对象：医疗专家。

(2) 使用时间：手术日常工作期间。

(3) 核心功能：与手术室实现远程协同，实时接收手术室手术过程画面、声音，实现专家远程手术指导。

(4) 可选功能：手术室远程云台控制、远程笔记同步反馈至手术室。

(5) 应用技术：云视讯技术、网络安全与加密技术。

(6) 主要配置：办公室终端。

(7) 预留要求：预留强弱电点位1个。

3.2.2 医生办公室

医生办公室是外科医生们进行术前准备、交流经验、讨论病例、制订治疗方案、术后总结以及日常医疗事务处理的场所（图3-24）。

图3-24 医生办公室示意图

(1) 服务对象：手术医生。

(2) 使用时间：手术日常工作期间。

(3) 核心功能：手术医生在病区办公室查看自身参与的所有手术病历并支持在线回顾，可通过视频播放方式在线回顾指定手术病历，同时支持在线裁剪、拍照、导出，用于书写术后手术记录单。

(4) 可选功能：图文手术记录单、专业影像编辑工作站。

（5）应用技术：云视讯技术、网络安全与加密技术、web 浏览器技术等。

（6）主要配置：医生工作站、病历编辑终端。

（7）预留要求：每个办公位预留强弱电点位各 1 个。

3.2.3 示教会议室

示教会议室是主要用于医学教育、手术技能培训、病例讨论以及手术过程观摩学习的场所（图 3-25）。

图 3-25　示教会议室示意图

（1）服务对象：医疗专家、手术医生、医学生。

（2）使用时间：远程会诊时间、手术观摩时间、教学时间。

（3）核心功能：建立远程教学平台，可与手术室远程音视频交流，音视频实时反馈至示教会议室，满足定期手术教学和学术交流活动的顺利进行。

（4）可选功能：互联网教学及学术会议。

（5）应用技术：云视讯技术、网络安全与加密技术、光纤传输、5G 等。

（6）主要配置：学术交流终端。

（7）预留要求：预留强弱电点位 1 个。

3.2.4 值班室

值班室是为非手术时间的手术室医护人员提供休息和待命服务的场所（图 3-26）。

图 3-26 值班室示意图

(1) 服务对象:值班医生、值班护士。

(2) 使用时间:非手术日常排班时间。

(3) 核心功能:保证值班人员随时可查询当前手术室手术状态,夜间急诊随时接收医护入口终端呼叫交流。

(4) 可选功能:呼叫功能。

(5) 应用技术:云视讯技术、网络安全与加密技术等。

(6) 主要配置:值班室终端。

(7) 预留要求:预留强弱电点位1个。

3.2.5 工作人员休息区

工作人员休息区是为手术室内的医生、护士及其他医疗专业人员提供休息、放松和恢复精力的场所(图 3-27)。

(1) 服务对象:手术医生、麻醉医生、护士、护工、外聘专家、实习医生、特许外来人员。

(2) 使用时间:术前等待、术中换台或术后休息、用餐时间。

(3) 核心功能:通过员工卡、人脸识别点取个性化餐饮,手术进程、手术信息公告查看。

(4) 可选功能:消息通知、急诊手术安排提醒。

图 3-27 工作人员休息区示意图

（5）应用技术：人脸识别、RFID 等。

（6）主要配置：信息公告大屏、餐饮管理系统。

（7）预留要求：大屏预留强弱电点位 1 个；餐饮管理系统预留强弱电点位 1 个。

3.2.6 管理中心

管理中心是负责手术部全面管理和运营的核心功能区域（图 3-28）。

图 3-28 管理中心示意图

（1）服务对象：手术部医疗管理人员、后勤管理人员等。

（2）使用时间：手术部全生命周期。

（3）核心功能：通过运营驾驶舱对环境、监控、手术、影像、医疗设备、物资等多维度数据在统一平台进行管理，提供数据分析、决策辅助、运营管理功能。

（4）可选功能：节能环境管理、手术部地图数字孪生显示。

（5）应用技术：大数据技术、云视讯技术、网络安全与加密技术、定位引擎技术、数字孪生技术。

（6）主要配置：运营显示大屏、运营管理终端。

（7）预留要求：预留强弱电点位若干。

智慧手术部管理平台建设

4.1　建设理念及原则

4.2　需求分析及平台架构

4.3　围术期临床大数据中心

4.4　智慧医疗

4.5　智慧服务

4.6　智慧管理

智慧手术部管理平台是支撑智慧手术部运行与功能实现的技术平台，灵活、安全、可拓展的平台架构有助于实现手术室业务流程的智慧化。本章从智慧手术部管理平台建设理念和原则出发，对平台的需求和架构进行分析，具体介绍围术期临床大数据中心、智慧医疗平台、智慧服务平台和智慧管理平台四大核心平台及其子系统。

4.1 建设理念及原则

4.1.1 构建理念

（1）系统思维。智慧手术部以"智慧手术室"为"点"，向外科"线"延伸，铺设至多科室的"面"，最终对接智慧医院"体"的发展，以系统思维考虑其覆盖手术室及所有与其相关的科室场景，而不仅仅是当前一体化手术室、信息化手术室、数字化手术室等多种类型的手术室建设。

（2）顶层设计。以智慧医疗、智慧服务及智慧管理为立足点，以传统手术室存在的问题为导向，综合运用 AI、大数据、云计算、IoT、5G 等新一代信息技术，从智慧手术部的整体思维规划，适度超前，兼顾可持续发展，建设以手术室为中心的全流程配套支持体系。

（3）智慧场景。以手术间为"智慧大脑"，对手术区、办公生活区等区域进行智能化全面终端铺设，通过模块化设计实现各场景既可独立应用也可实时联动；通过建设覆盖整体手术部的智慧化场景，打造全方位、高集成和超共享的智慧手术部。

（4）业务闭环。对手术部医护人员、患者、医疗数据、环境、物资、流程等资源进行整合，覆盖患者围术期各个关键节点的全业务流程，搭建一套新型业务闭环互联互通平台，这对于提升医疗质量与安全、提高手术部运转效率、加强科学管理、拓展多元化人才培养以及控制手术部运营成本等多方面均具有重要意义。

（5）医疗安全。从医疗质量控制与手术安全管理方面考虑，在围术期全过程关键环节通过信息化手段建立起流程化安全体系，严格进行院感把控，对患者信息核查、手术核查、三方核查等关键环节做好安全控制,为手术医疗安全提供保障。

4.1.2 建设原则

1. 灵活性

(1)场景可选。智慧手术部建设覆盖手术区、办公生活区等区域,每个场景的智能化建设均可整体规划、分步实施,各个场景能够独立应用,也可场景间实时联动,医院可根据需求选择建设场景。

(2)设备可选。智慧手术部每个场景建设的设备能够根据医院业务需求、建设预算及点位设计等实际情况增加或减少,以满足医院个性化应用需求。

(3)配置可选。智慧手术部每个场景智能化设备的配置高低可根据医院业务量、功能需求、建设预算等实际情况进行选配。

2. 扩展性

(1)硬件可扩展集成。随着技术的不断迭代更新,智慧手术部的硬件设备能够灵活扩展,对新引入的医疗设备能够轻松集成。

(2)软件可升级扩展。智慧手术部的软件功能支持持续升级和扩展,能接入未来更多的医疗信息系统,以满足不断变化的业务需求。

(3)技术可对接集成。智慧手术部系统应用的技术和标准,能够与不同厂家、不同型号的医疗设备进行无缝对接,以降低系统集成成本,提高系统的可拓性。

3. 安全性

(1)数据安全。智慧手术部建设过程中设备及系统所有涉及患者数据的传输和存储过程采用先进的加密技术和严格的访问权限,搭载多因素身份验证体系,建立有效的数据恢复机制,以便数据丢失或损坏时能够迅速恢复,保证医疗服务的连续性。

(2)系统安全。在智慧手术部系统设计时考虑冗余设计,当系统某部分组件出现异常故障时,不影响整个系统的正常运行,考虑在突发停电等紧急情况下,手术部内的关键设备能够持续供电。

(3)业务安全。在智慧手术部系统功能设计时结合手术业务安全需求,在围术期各个关键节点提供安全核查及业务流转机制,保障整体业务逻辑顺畅,以加强系统与临床医疗的黏合性,进一步提升围术期手术安全。

(4)信创安全。在智慧手术部系统设计时考虑产品和技术自主可控,优先选择国内自主研发的信息技术和产品,加强信息安全防护、提高人员安全意识,有效提升信息系统的信创安全性,进一步保障医疗数据的安全和医院业务的连续性。

4.2 需求分析及平台架构

4.2.1 需求分析

(1)围术期大数据需求。医疗数据呈现出海量性、多样性、时效性、多态性等诸多新特点,这也促进了大数据在医疗行业中的应用需求日益广泛。主要体现在:一方面,需要通过运营大数据中心提供手术部的运行情况,为管理人员提供辅助决策;另一方面,需要通过记录外科、麻醉、手术护理电子病历构建大数据中心,为手术指导、教学及人工智能研究提供数据支撑。

(2)智慧医疗需求。从手术部外科、麻醉、护理等临床科室多角度使用需求出发,医护人员需要医疗辅助、业务协同及数据共享服务。以手术电子病历为核心,从手术排班、术前访视、患者交接、患者信息核查、术中监测、自动记录、安全核查、进程管理、病历上传、数据共享、术中协同、手术回顾、术后复苏、病案管理、病历编辑到统计查询、科室管理等业务全流程需要提供智慧化电子病历管理及医疗协同平台,让医护人员精力回归患者本身。

(3)智慧服务需求。由于手术室的相对封闭特性,患者家属对安全透明的就医指引服务需求迫切。为家属提供谈话呼叫、病历共享、知情同意、手术进程告知等指引服务,增加手术过程透明度,有助于缓解患者家属焦虑情绪。提供术前访视、术后交接、术后镇痛、术后随访、健康宣教以及家属情绪关怀等服务,为医护患关系的发展提供一个可视化平台,有利于提高患者就医体验及满意度。

(4)智慧管理需求。在智慧手术部建设过程中精细化的信息化管理至关重要,需要一系列智能化设备为手术部提供医疗质量与安全管理,为手术部提供精细化的药品、设备、耗材、器械、标本等物资管理,为手术部基础环境、科教、医疗辅助、运营等提供综合管控服务。手术部需要从流程管控到集中监管,打造实时、有序、系统的一体化管理平台,保障物资安全;打造高效、节能、智慧的整体手术部环境物联控制体系,节约手术部运维成本。

4.2.2 平台架构

智慧手术部平台架构大致由基础层、技术层、系统层、应用层及服务层搭建成一套业务闭环融合、资源协同联动、数智引擎驱动的 AI 生态云架构。具体架构如图 4-1 所示。

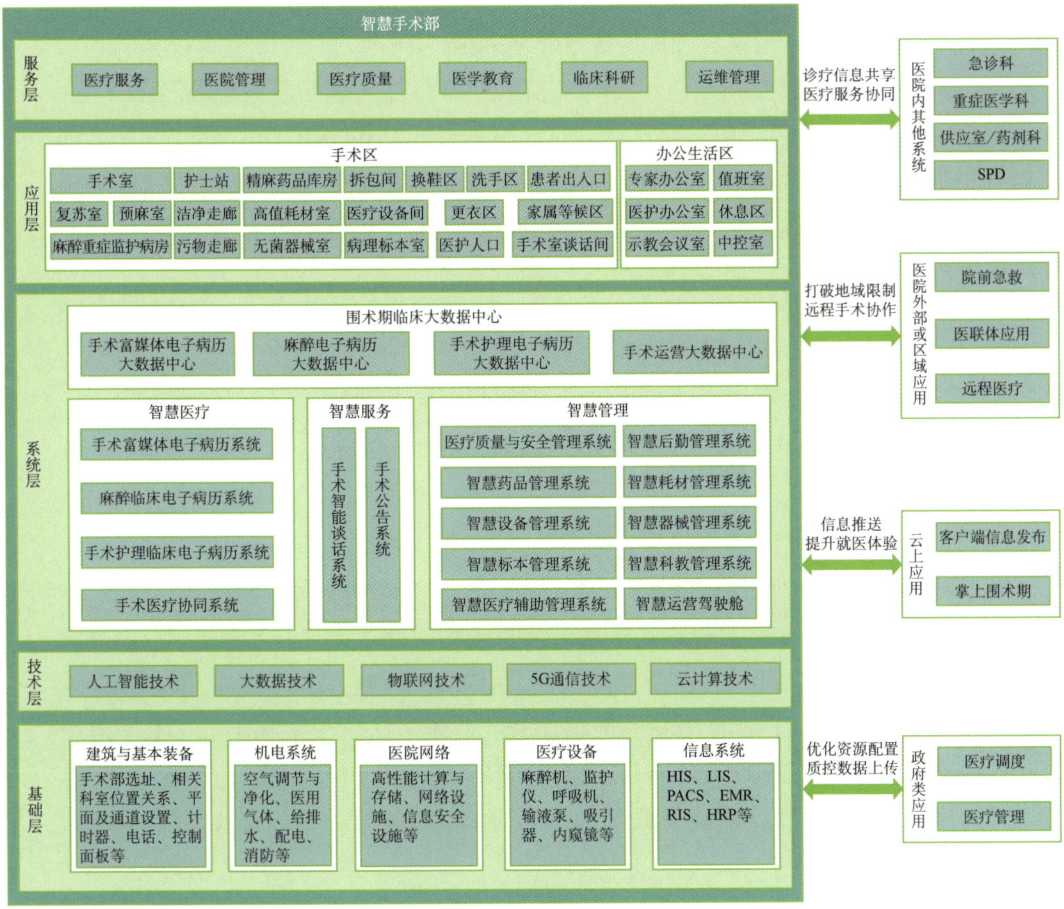

图 4-1 智慧手术部平台架构

（1）基础层。以建筑与基本装备、机电系统、医院网络、医疗设备及信息系统等为基础建设环境。

（2）技术层。以大数据、云计算、AI、IoT、5G等新一代信息技术为依托搭建系统及平台。

（3）系统层。基于技术层和基础层，搭建服务于医护人员、管理人员及患者的智慧医疗、智慧管理及智慧服务平台，并基于此构建围术期临床大数据中心。

（4）应用层。将系统层各系统部署于医护通道、患者与家属通道、污物通道、手术区及办公生活区等场景进行智慧化应用。

（5）服务层。智慧手术部的搭建为手术部医疗服务、医疗质量、医学教育、科室管理、临床科研及运维管理提供智慧管理平台。

智慧手术部架构不仅实现手术部内智慧应用，还能够与院内急诊科手术室、供应室、药房及供应、加工、配送（Supply，Processing，Distribution，SPD）等系统进行数据共享，与院外"120"急救及医联体单位打破地域限制远程医疗共享，与移动端进行数据联动实现云上应用，与政府管理部门实现医疗质量监管与资源调度。

4.3 围术期临床大数据中心

围术期临床大数据中心是患者围术期诊疗过程中产生的各种数据的结构化存储中心。包括以手术富媒体病历为核心的手术富媒体电子病历大数据中心，以麻醉数据为核心的麻醉电子病历大数据中心，以手术护理数据为核心的手术护理电子病历大数据中心，以手术部运营数据为核心的手术运营大数据中心。基于四大数据中心，采用大数据技术将不同数据源、具有不同格式和特性的数据整理、清洗并转换后建成一个统一的数据模型，构建围术期临床大数据中心，与智慧医院数据中心无缝对接。

建议根据项目实际需求及投资情况自主选择围术期临床大数据中心的功能进行建设。

4.3.1 手术富媒体电子病历大数据中心

手术富媒体电子病历是辅以静态手术报告知识体系,以患者诊疗过程中的动态影像为核心介质的一种可交互病历。手术富媒体电子病历大数据中心由影像数据集、音频数据集、手术事件数据集及患者病历数据集融合手术主索引,并经过大数据处理构建而成,能够为临床辅助决策及高水平创新科教平台提供大量数据支撑。

1. 应用技术

采用人工智能技术、大数据技术、信息集成技术构建手术富媒体电子病历大数据中心。

2. 核心数据集

所涉及的核心数据集类型及相应内容如表 4-1 所示。

表 4-1 手术富媒体电子病历大数据中心核心数据集建设内容

大类	子类	内容
影像数据集	医用腔镜数据	腹腔镜、胸腔镜、宫腔镜、关节镜等设备采集的影像数据
	医用显微镜数据	眼科显微镜、手部显微镜、神经外科显微镜等设备采集的影像数据
	医用机器人数据	达·芬奇手术机器人、骨科机器人、神经外科机器人等设备采集的影像数据
	介入设备数据	心脏介入DSA、神经介入DSA等介入影像数据
	医用检查治疗设备数据	光学相干断层扫描技术(Optical Coherence Tomography,OCT)、血管内超声(Intravascular Ultrasound,IVUS)等检查影像数据
	摄像设备数据	全景摄像机、术野摄像机、中置摄像机等设备采集的影像数据
音频数据集	音频数据	三方核查、术中谈话、学术交流过程中产生的音频数据,使用麦克风设备进行记录
手术事件数据集	术前准备数据	手术体位、麻醉方式、消毒铺巾等数据
	术中操作数据	切口类型及方式、术中穿刺、病变组织检查、修复或切除、出血控制、病灶处理、缝合及重建组织、关腹等数据
	术后总结数据	术中出血、术中输血、术中用药、血压情况、麻醉效果、标本送检等数据

（续表）

大类	子类	内容
患者病历数据集	患者索引	患者标识号、住院号、姓名、性别、出生日期、出生地、身份证号、身高、体重、血型、联系电话、通信地址等数据
	患者就诊索引	患者标识号、患者本次住院标识、过敏史、过敏物、既往史、入院科室、入院日期及时间、主管医生、入院诊断、入院病情等数据
	检验报告	患者标识号、患者本次住院标识、检验标识号、检验序号、检验项目、检验结果值、检验结果单位、结果正常标志、结果参考值、报告医生、报告时间等数据
	检查报告	患者标识号、患者本次住院标识、检查标识号、检查序号、检查项目、检查所见、影像（结论）建议、报告医生、报告时间等数据
	检查影像	患者标识号、患者本次住院标识、检查标识号、医学数字成像和通信（Digital Imaging and Communications in Medicine，DICOM）影像标识等数据
	电子病历	患者标识号、患者本次住院标识、病历文件号等数据
手术主索引数据集	患者信息	患者标识号、姓名、性别、病区、床号等数据
	病区科室	普外科、肝胆胰外科、神经外科、骨科、泌尿外科、心胸外科、眼科、头颈外科、整形外科、介入科等数据
	手术名称	一般包括手术入路、手术部位、术式、疾病诊断等数据
	手术级别	一级手术、二级手术、三级手术、四级手术等类型数据
	手术部位数据	腹部、甲状腺、肝胆、颅脑、脊髓、肾脏、肢体、心脏、神经、肺部、颈部等数据
	麻醉方法	椎管内麻醉、插管全麻、非插管全麻、复合麻醉、其他麻醉方式等数据
	手术体位	仰卧位、侧卧位、俯卧位、截石位等数据
	切口部位	头颈部切口、上肢切口、下肢切口、胸部切口、腹部切口、会阴切口等部位数据
	手术团队	参与手术的术者、助手、麻醉医生、护士等数据
	手术日期及时间	手术日期、手术开始时间、手术结束时间、手术时长等数据

4.3.2 麻醉电子病历大数据中心

手术麻醉电子病历大数据中心能够通过信息集成平台提供患者主索引服务、数据分析工具、个性化的医疗数据模型及数据呈现模块，实现手术麻醉信息的有效整合与数据多维度应用价值，为临床决策支持及质量管理提供医疗数据支持环境。

1. 应用技术

采用智能采集技术、信息集成技术构建麻醉电子病历大数据中心。

2. 核心数据集

所涉及的核心数据集类型及相应内容如表 4-2 所示。

表 4-2　麻醉电子病历大数据中心核心数据集建设内容

大类	子类	内容
生命体征数据集	氧合数据	吸入气氧浓度、血液氧合等数据
	通气数据	潮气量、呼吸频率、呼出气二氧化碳浓度等数据
	循环数据	心率、心电图、脉搏、血压等数据
	体温数据	口腔温度、直肠温度、腋窝温度等数据
手术数据集	手术安排	手术等级、隔离标志、手术科室、手术者、手术助手、麻醉方法、麻醉医师、麻醉助手、输血者、护士、申请日期及时间等数据
	手术主记录	手术号、手术开始时间、手术结束时间、输液量、尿量、失血量、输血量、手术状态、手术体位、器械清点结果、进入手术室时间、离开手术室时间等数据
麻醉数据集	术前访视	本次住院标识、临床诊断、拟施行手术、患者重要器官功能和疾病情况、患者体格情况分级、手术麻醉风险评估、访视麻醉医师、访视时间等数据
	麻醉知情同意书	患者标识、术前诊断、拟施麻醉方法及辅助措施、患者及家属知情情况、可能的并发症、药物的危险性、谈话麻醉医师、签署者及与患者的关系等数据
	患者病史	既往病史及治疗药物、手术麻醉史、并发症、过敏史、头颈部、张口宽度、心肺听诊、肢力及感觉、外周静脉、脊柱状况、心功能分级、肺功能、胸片或胸透等数据
	实验室检查	肝功能、肝功能异常描述、肾功能、肾功能异常描述、血红蛋白、红细胞、血细胞比容、血小板、出血时间、凝血时间、血钾、血钠、血氯、血糖等数据
	手术准备与评估	美国麻醉医师协会(American Society of Anesthesiologists，ASA)病情估计分级、术中困难估计及防范措施、术前用药、术前用药效果等数据
	手术过程	术前意识、术前皮肤状况、携带物品、麻醉体位、防护措施、标本类型、标本部位、送检人、查对人、引流管、体内植入物去向等数据
	麻醉事件	开始时间、停止时间、持续时间、划价标志、持续/一次性标志、方式、流速、流速单位、医嘱分类、麻醉方法、属性、浓度、浓度单位、收费类别、生产厂家等数据
	麻醉总结记录	神经阻滞麻醉操作情况、椎管内麻醉操作情况、全身麻醉操作情况、麻醉期间有无特殊情况及并发症、麻醉小结分析、麻醉质控情况等数据

(续表)

大类	子类	内容
麻醉数据集	术后复苏记录	复苏开始时间、复苏截止时间、观察时间、总输液（血）量、尿量、对刺激反应、输血量、镇痛方式等数据
	术后随访记录	穿刺点疼痛、穿刺点红肿、完全苏醒时间、有否损伤、病灶播散、肢体有意识活动、硬膜外麻醉平面消退程度、被阻滞区域异常、术后小时数等数据

4.3.3 手术护理电子病历大数据中心

手术护理电子病历大数据中心能够对围术期全数据进行多角度分析和展现，以供上层应用调用，为决策活动提供信息支持，满足管理决策层应用需求。

1. 应用技术

采用智能采集技术、信息集成技术构建手术护理电子病历大数据中心。

2. 核心数据集

所涉及的核心数据集类型及相应内容如表4-3所示。

表4-3 手术护理电子病历大数据中心核心数据集建设内容

大类	子类	内容
护理记录数据集	患者基本信息	患者标识、本次住院标识、住院次数等数据
	时间线数据	进入手术室日期及时间、离开手术室日期及时间、进入PACU日期及时间、离开PACU日期及时间、入诱导室时间、出诱导室时间、准备手术时间等数据
	病案数据	病案归档时间、手术状态、是否归档、归档人、归档时间、撤销归档人、撤销归档时间等数据
	交接班数据	交班人员、交班类型、交班次数、交班人、接班人、交班时间、当班开始时间、当班结束时间、交班最后修改者、交班最后修改时间等数据
	护理人员信息	洗手护士姓名、洗手护士工号、巡回护士姓名、巡回护士工号等数据
	术前准备数据	入室引流管标识、入室引流部位、入室输液留置导管标识、入室输液留置导管部位、穿刺针种类、导尿标识、术前皮肤状况、术前皮肤部位等数据
	术中操作数据	术中使用电刀标识、术中变温设备标识、术中变温设备温度、术中变温设备时间、术中止血带标识、术中止血带时间、术中引流标识、术中引流位置等数据
	术后护理数据	护理措施、操作时间、术后皮肤状况、术后皮肤部位等数据

(续表)

大类	子类	内容
术中输血管理数据集	术中输血数据	血袋号、献血码、检查血型、血液容量、患者血清与供血者血球、患者血球与供血者血清、血液类型、血液采集时间、血液有效期、接收者、接收时间、输血时间等数据
术中器械数据集	术中器械数据	器械名称、术前数量、关体前数量、关体后数量、术毕数量、器械清点核查表创建日期、器械包装形码、灭菌日期、锅次、有效日期、打包人、器械名称、器械编码、数量等数据
术中设备数据集	术中设备数据	资产名称、编码、品牌、类型、位置、设备状态、是否固定、责任人、定位码、上次巡检时间、使用时间、当前位置、设备名称、设备编码、使用数量等数据
术中病理数据集	术中病理数据	标本编码、标本名称、标本部位、标本离体时间、巡回护士、标本类型、登记时间、登记人、申请单号、标本数量、标本固定时间、批量交送人、批量交接时间、病理状态等数据
术中高值耗材数据集	术中高值耗材数据	耗材条码号、耗材名称、耗材批号、规格、耗材类别、灭菌日期、失效日期、生产厂家、供应商、单位、单价、库房、入库记录、申请单号、领用记录、出库记录、使用记录、归还记录等数据

4.3.4 手术运营大数据中心

手术部运营管理数据中心是智慧医院建设的重要组成部分，它专注于手术部运营相关数据的收集、处理、分析和应用，以支持手术部的高效、安全、精细化管理和运营。

1. 应用技术

采用人工智能技术、可视化技术、大数据技术、信息集成技术构建手术运营大数据中心。

2. 核心数据集

所涉及的核心数据集类型及相应内容如表 4-4 所示。

表 4-4 手术运营大数据中心核心数据集建设内容

大类	小类	内容
驾驶舱数据	手术工作量数据	手术总量、待手术量、手术中量、入 PACU 量、已完成手术量；科室手术量、医生手术量、护士手术量等数据
	手术运行效率	首台择期患者准点到达率、麻醉等待超时率、首台手术医生准点到岗率、首台手术准点开台率、手术换台间隔时间超时率、手术间利用率等数据

（续表）

大类	小类	内容
驾驶舱数据	手术安全及质量	手术时长、麻醉时长、接台时长、手术等级、ASA 分级、麻醉方法、不良事件、非计划再次手术等数据
	药品数据	毒麻/普通药品入库量、使用量、库存量、报废量、毒麻药空安瓿量等数据
	耗材数据	高值/低值耗材入库量、使用量、库存量、报废量等数据
	设备数据	医疗设备清单、设备运行状态、设备位置等数据
	环境数据	环境设备清单、空调运行状态、气体运行状态等数据
手术麻醉数据集	麻醉运营数据	日间手术麻醉量、介入手术麻醉量、无痛胃肠镜量、分娩镇痛量、无痛人流量、术后镇痛量、麻醉医生工作量、ASA 数据分布等数据
	麻醉质控数据	根据国家标准包括麻醉科医护比、麻醉医师人均年麻醉例次数、手术室外麻醉占比、术中心脏骤停率、麻醉期间严重过敏反应发生率、全身麻醉术中知晓发生率、PACU 入室低体温发生率、麻醉后 PACU 转出延迟率、非计划二次气管插管率、非计划转入 ICU 率、术后镇痛满意率等指标数据
手术护理数据集	手术护理运营数据	日间手术量、择期手术量、手术护理工作量、三四级手术量等数据
	手术护理质控数据	手术患者身份信息正确率、手术患者部位识别正确率、手术同意书内容合格率、术中物品清点不符发生率、手术标本留置不合格率、手术标本漏送发生率、压疮高危患者评估率、手术安全核查正确率、手术室护士人均年手术例次数、医疗机构手术室台护比、住院患者围术期死亡率、非计划重返手术室再手术率、手术并发症发生率、术中主动保温率、手术麻醉期间低体温发生率、日间手术占择期手术比例、住院手术患者静脉血栓栓塞症发生率等数据
手术后勤运维数据集	人员数据	人工编号、员工名称、所属科室、联系方式、角色、系统操作、人员位置等数据
	设备数据	设备编号、设备类别、生产厂商、设备位置、能耗信息、维修、保养等数据
	医疗废物数据	分类编码、分类名称、危害特性、收集点编号、收集时间、收集量、收集人员、运输路径、处置单位编号、处置时间、处置方式、处置结果等数据
	安防数据	视频数据、音频数据、环境数据、门禁系统数据、人流统计数据、巡检编号、巡检对象、巡检计划、巡检人员、巡检时间、巡检记录、巡检结果、处理措施、处理状态等数据
	消防数据	设备编号、设备名称、安装位置、购买日期、有效期、巡查日期、巡查人员、巡查区域、巡查结果、应急联系人、处置人员、处置方式等数据
	环境数据	空调机组信息、空调运行数据、空调巡检记录、空调能耗数据、空调维修记录；医用气体运行数据、医用气体预警信息、医用气体维修记录等数据

4.4 智慧医疗

智慧医疗主要围绕手术、麻醉、护理等临床业务展开，是智慧手术部的临床医疗辅助及数据输出平台。一方面，通过手术富媒体电子病历平台、麻醉专科电子病历平台及手术护理专科电子病历平台精准采集各类影像、信息、麻醉、护理数据为大数据中心提供数据基础；另一方面，在手术过程中通过三大电子病历平台及手术医疗协同平台为医护人员提供智能化辅助。对标医院智慧医疗，以手术电子病历为核心，结合医院其他信息系统，提升医疗服务质量和效率，辅助做出诊疗决策。

建议根据项目实际需求及投资情况自主选择智慧医疗平台功能进行建设。

4.4.1 手术富媒体电子病历系统

手术富媒体电子病历系统通过手术室智慧一体化终端/机器人的手术室设备、人员、物资自动识别、手术病历及影像智能记录、手术全流程语音控制、围术期病历智慧共享，打破了传统数字化手术室以手术示教为目的的低使用率应用模式，转变为以外科电子病历为核心的一套立足手术室、辐射各联动科室协同应用的常态化使用模式。

1. 应用技术

采用人工智能技术、视觉识别技术、语音识别技术、大数据技术、云视讯技术、信息集成技术搭建手术富媒体电子病历系统。

2. 系统功能

系统功能如表 4-5 所示。

表 4-5　手术富媒体电子病历系统功能

模块	具体功能
手术列表	建议依据医院手术安排信息生成待手术列表； 支持定时自动同步最新申请的手术患者，更新现有手术列表； 可灵活选择当日安排手术的患者，选择方式不限于列表和床头卡式； 选择手术列表中对应手术信息转入患者，支持急诊患者登记，自动生成患者 ID； 在手术开始后该患者手术信息将与本次手术病历记录自动匹配，并生成病情概览

(续表)

模块	具体功能
患者核查	自动显示待核查手术信息,不限于手术名称、手术部位、患者信息、术者信息等; 当患者术前报告存在异常值时能够突出显示提醒医护人员; 对于术中推送的检查检验报告共享显示时支持自动识别异常值突出显示,检验结果支持周曲线分析
手术规划	一般支持辅助查看术前手术规划,对于手术规划系统中人体组织可通过触控进行旋转、拆分、标识
影像采集	一般采集手术室各类手术医疗设备,包括腔镜、手术显微镜、DSA、手术机器人等设备; 可依据不同协议进行配置,实现设备的手术影像画面采集
影像处理	一般采用 H.264、H.265 等编码技术,处理包括术野及腔镜在内的各种超高清影像数据以便减少空间占用; 支持对采集设备的信号格式、分辨率及编码技术等参数设置
病历共享	调阅医学影像和各类报告; 一般具备路由控制能力,满足手术过程中手术影像画面的多种显示模式分屏显示; 支持患者信息叠加显示,将患者信息与影像病历画面关联,显示模式一般是小窗口画中画、单画面、双画面、3 画面、4 画面、12 画面显示
病历路由	支持影像视频路由控制,将单独或多路视频影像或病历路由显示至术野显示单元、医用影像显示单元以及病历专用显示单元进行显示; 根据病历及影像视频数量自动分配合适的显示模式进行显示; 显示内容可切换,显示内容一般包括患者 PACS、检查检验报告、电子病历报告、冰冻报告等信息
信息集成	集成医院 HIS,同步每日手术患者信息,方便患者索引创建; 集成医院 LIS,自动同步患者术前检验报告结果; 集成医院检查系统,查看患者术前检查报告; 集成医院 PACS,查看患者医学影像; 集成医院电子病历系统,查看患者电子病历报告; 集成医院手术麻醉系统,查看患者麻醉病历数据; 集成医院手术护理系统,查看患者护理病历数据
术中协同	支持开启抢救模式,自动接通专家办公室端实现抢救协同,专家在办公室与手术室之间画面、标注笔迹实时共享; 在特殊情况下,支持手术室与专家实现手机端协同,实现画面、信息、笔迹共享,及时为手术提供远程辅助
术中谈话	支持在手术间内一键连接谈话间,实现音视频信息共享,一般包括召唤患者家属谈话、谈话模板、谈话控制、数据共享; 支持知情同意签署; 支持智能记录完整谈话内容
影像病历记录	基于同一时间记录手术信息、高清手术影像画面、手术照片等多路信息,形成手术病历文件; 在手术病历记录过程中支持随时截取手术画面,生成高清照片格式进行保存,可根据情况对画面进行标注,手术结束后将关联相应患者进行上传

(续表)

模块	具体功能
影像病历回顾	支持选择手术日期查询历史手术和近期手术病历以视频回放的形式回顾,如患者之前做过其他手术情况时,可显示患者之前做过的其他手术病历信息并回放; 支持在进行回顾病历时同时查看手术信息,并支持按选择的播放速度对病历进行快放回顾
病历归档	基于同一时间戳对患者病历信息与手术影像、图形、音频等数据融合,生成富媒体手术电子病历; 手术完成后,记录的手术病历可本地暂存,在手术结束时自动上传至手术富媒体电子病历大数据中心,无须人工单独操作上传; 对于本地暂存空间支持根据科室情况设定清理周期,自动维持设备空间,不影响后续病历记录功能运行
手术直播与教学	手术过程中可以随时接收来自会议室、办公室的交互请求,接受请求后自动打开会议室、办公室画面,以画中画形式与手术画面同时显示; 满足手术间和会场交互状况下,术者与会场专家实现视频、声音双向交流,并以画中画形式与手术视频同时展现
智能辅助	实时监测手术画面判断手术起止环节,进行手术病历全程自动记录; 手术过程中将语音技术应用于围术期设备控制,通过语音助手进行影像病历记录;指定影像、病历数据路由或信号交换显示,手术直播、转播,照明灯光、无影灯、温湿度调节、背景音乐调节一系列操作; 支持自动身份识别,当医护人员进入手术区域即可自动识别医护人员身份,并自动进行身份记录与核对

4.4.2 麻醉临床电子病历系统

麻醉临床电子病历系统是麻醉师用来自动采集、存储和展现围手术期患者数据的信息系统。自动采集和深度挖掘围手术期的海量数据,全面融入医疗质量和安全管理,覆盖围术期全业务流程、协同联动、监测管控、闭环管理,提供高级别临床决策支持,为临床诊疗、安全质控、运营管理、临床科研提供信息化支撑,进一步助力麻醉学科高质量发展,提升患者手术麻醉全过程的舒适化就医体验。

1. 应用技术

采用可视化技术、信息集成技术搭建麻醉临床电子病历系统。

2. 系统功能

系统功能如表4-6所示。

表 4-6　麻醉临床电子病历系统功能

模块	具体功能
术前信息管理	支持手术排班管理和医疗文书自动生成,批量接收 HIS 系统已下达的手术申请排班信息,一般包括定时接收、按指定科室接收以及按指定时间段接收等; 支持手术分级管理、手术风险评估、术前访视、术前讨论、术前麻醉评估、麻醉计划; 自动生成医院规定格式的术前访视单、患者知情同意书、手术风险评估单
术中信息管理	记录和管理麻醉过程中的各种信息,一般包括患者的基本信息、麻醉药物的使用与剂量、监护设备体征数据、手术过程中的事件等; 医生可以实时监测患者的生理状况,记录麻醉治疗方案,自动生成详细的麻醉记录单; 运用预测模型与智能分析提供用药提醒、高风险手术预警、体征报警、检验信息危急值预警,帮助麻醉医生提高风险识别、处置的能力; 术中登记、抢救、麻醉交接班、手术取消、抗生素提醒、血流动力学演算等信息管理
术后信息管理	对患者术后的病情和恢复情况进行全面的记录和跟踪,一般包括术后观察数据、镇痛治疗情况、麻醉药物使用记录等; 复苏过程中麻醉用药情况、发生的事件以及患者的生命体征等信息进行详细记录,自动生成复苏记录单; 复苏单延续麻醉记录单,提供局麻手术信息补录,自动生成麻醉术后访视单
麻醉医生个人主页	以可视化的形式展示登录用户当日的手术数量及明细情况,每日手术时长及手术台数信息; 支持对未完成知情同意书填写、术前访视、文书质控的手术进行统计并提醒,支持批量操作、打印; 支持以个人标签和公用标签并作为统计维度进行相关筛选与统计; 支持在手术列表、手术信息、麻醉工作台等位置展示手术标签信息,并支持标签编辑
麻醉手术病案管理	支持病案的自动归档和未归档提醒,可检查指定时间范围内所有患者的病案提交的完整情况,可快速查询指定患者病案信息
信息可视化集成	整合和连接不同医疗信息系统,包括医院信息系统、实验室信息系统等; 通过标准化的接口和协议,实现不同系统之间的数据交换和共享
设备数据清洗和采集	整合和连接麻醉监护设备,通过标准化的接口和协议,实现不同品牌和型号的麻醉设备之间的数据交换和共享
数据统计分析	提供业务查询、等级评审统计报表、工作量统计以及科室报表,并支持图形化展示; 内置常用围术期数据集,支持数据钻取,可查询到统计结果下每一台手术明细信息,便于科室管理者掌控科室整体运行情况
麻醉质量控制管理	提供临床路径、三方核查过程质控、麻醉医疗文书质控、等级评审麻醉质控统计、麻醉质控指标管理,监测和评估手术麻醉过程; 提供实时质控工作内容展现,以及对各类质控指标结果进行图形分析,形成质控统计报表,可对质控结果进行月报、季报、年报的统计
麻醉复苏管理	提供复苏床位预约,通过复苏看板、复苏通知、复苏转运倒计时、复苏记录单、复苏与疼痛评分,实时监测患者生命体征、麻醉药物使用情况以及复苏过程中的相关信息,为医护人员提供监测和管理支持

(续表)

模块	具体功能
围术期医学知识库	包含围手术期的麻醉操作规范、术前评估指南、麻醉药物使用说明、术后镇痛方案等临床实践指南和最佳实践； 医护人员可以通过该知识库获取最新的围手术期管理知识，共享临床经验，提高临床决策水平
临床辅助决策	基于临床指南、最新研究和专家共识的智能化功能，为临床医护人员提供决策支持和指导； 通过整合患者的临床数据和医疗信息，提供个性化的诊疗建议、用药方案和手术风险评估，帮助医护人员做出临床决策
AICU	自动提取患者基本信息、手术人员信息及术前访视信息填充到 AICU 记录单中。AICU 记录单延续术中麻醉记录单，便于查阅术中信息，并保证术中与 AICU 期间的患者数据前后衔接； 实时监测围术期危重患者的生命体征数据、药物使用情况，从监护设备自动采集患者生命体征参数，如血压、脉搏、心率、SpO_2、呼吸频率等，患者生命体征以曲线形式显示在 AICU 记录单上； 提供术后复苏、监护和治疗过程中的相关信息，支持分类记录并展示事件、麻药、输液、输血、出量、入量等不同类型事件对应项目明细； 提供 Steward 苏醒评分表，支持根据清醒程度、呼吸畅通程度及肢体活动程度评估患者清醒程度，判断患者是否满足转出条件； 提供 Aldrete 评分表，支持根据患者活动力、呼吸、循环、意识及经皮脉搏血氧饱和度评估患者清醒程度，判断患者是否满足转出条件

4.4.3　手术护理临床电子病历系统

手术护理临床电子病历系统是以手术护理业务为核心，通过信息化手段与各个科室，包括住院、供应室、药房、检验科和血库等进行关联和协调，能够快速获取手术室运营情况，对人员和物品的安全、质量、效率、服务等方面进行实时监管的智慧化平台。

1. 应用技术

采用人工智能技术、物联网技术、信息集成技术及移动互联网技术搭建手术护理临床电子病历系统。

2. 系统功能

系统功能如表 4-7 所示。

表 4-7　手术护理临床电子病历系统功能

模块	具体功能
手术智能排班调度	引入手术申请、手术审核排班、手术室统筹、消息通知、知识库、信息管控的概念，将主刀医生、手术室护士、麻醉医生、患者等联系起来，形成"护理组排班—麻醉组排班—手术申请—手术室统筹排班—手术安排通知—手术实时调度—病区接患者"一套手术闭环流程
护理文书管理	协助护士完成术前访视记录单、手术护理记录、手术器械清点记录、手术安全核查、手术风险评估、手术压疮评估、术后访视记录单等各种医疗记录工作
手术安全管理	支持提供行业标准的手术安全核查单，能够在麻醉实施前、手术开始前和手术结束后对手术相关信息进行手术医生、护士、麻醉医生三方签字确认； 通过物联网技术智能识别和确认患者身份及获取相关信息，通过术前从病房到手术间的各个节点，扫描患者腕带并确认后才能进行下一步操作，防止手术患者、手术部位及手术方式错误
器械包管理	与供应室系统对接，通过扫码直接获取器械包信息，自动将器械包内容生成到器械清点单上； 支持记录术前清点、术中追加、关前及关后器械核对的结果，生成符合医院格式要求的器械清点记录单； 支持每个阶段器械数量的核对，对于器械数据核对有误的情况，进行特殊提醒； 在打印文书时自动检查内容，判断器械数据是否正确，未填写完整时弹出提醒； 对器械清点流程进行整体的电子化管控，可追溯器械清点的整个流程记录
术中输血管理	与医院血库系统进行对接，通过扫描血袋条码获取血袋基本信息，包括血袋码、ABO血型、Rh(D)血型、血液类型、血量、单位等。具备血袋接收核对、输血核对、输血记录、输血记录查询
手术设备管理	对设备术中使用记录、设备信息查询、手术间设备使用情况统计实现信息化管理，提高设备使用登记完整率与设备成本核算，缩短设备取用的时间，提高工作效率
护理质控管理	支持护理文书质控、低体温预警、压疮管理、手术室质量质控指标的统计管理
移动端护理管理	支持手术术前访视、手术术后访视、病区核查、手术区域核查、安全核查、器械清点、术中用药的移动操作
患者围术期转运交接管理	支持术前手术室与病区患者交接、术后手术室与病区患者交接，记录患者手术转运全流程时间节点； 实时展示手术进程，包括时间节点、责任人等信息
病理标本管理	对术中快速、常规标本进行电子化、系统化的管理，包括从手术间标本采集到存放、送检等进行全程闭环管控； 对接医院病理系统，同步病理标本信息，术中快速登记，标签打印； 自动记录病理标本固定时间，记录病理标本送检人和送检时间、生成常规病理登记表
高值耗材管理	与医院高值耗材系统进行对接，同步获取高值耗材基本信息、高值耗材术中使用登记、高值耗材使用情况统计
围术期工勤调度管理	与工勤管理系统及手术麻醉系统对接，围绕围术期进程，实时接收发布的患者接送信息、手术进程状态； 自动呼叫空闲护工为患者服务，呼叫空闲护工打扫手术室卫生，及时做相应安排

4.4.4 手术医疗协同系统

手术医疗协同系统以手术室为中心铺设覆盖手术入口、患者通道、护士台、术间门口、医生办公室、家属谈话间、家属等候区、复苏室、病理科、血库、值班室等场景的智慧协同平台,用于开展临床与管理应用,搭建以临床医疗辅助为核心的科室深度医疗协同平台。

1. 应用技术

采用人工智能技术、笔迹共享技术、消息通信技术、信息集成技术搭建手术医疗协同系统。

2. 系统功能

系统功能如表 4-8 所示。

表 4-8 手术医疗协同系统功能

模块	具体功能
远程手术指导	专家在办公室能够查看和管理自己的所有手术病历,设立权限能够查看具体手术间手术情况; 对于需要远程协同的手术间需要支持与手术间实时音视频交互,专家能够一屏多画面显示当前手术间的术野、全景、腔镜、监护仪等多个画面,同时在显示高清手术画面的同时支持显示患者信息、手术信息、各类报告信息
科室协同	建议对接病理科,实时推送病理报告,并支持手术室一键呼叫病理科进行双向音视频交互; 建议对接血库,手术室内的医护人员可以实时查看血库中的血液库存情况,以便及时申请所需的血液制品; 支持手术室与血库发送通信请求,提供远程医疗支持; 建议对接供应室,通过信息共享优化配置和调度,并支持手术室与供应商发送通信请求,提供远程医疗支持; 建议支持紧急呼叫,提供各科室一键电话呼叫,提供及时沟通交流平台
家属谈话	在术间直接控制家属屏显示内容,医生可根据情况选择病历、术中照片与家属进行谈话; 共享画面至家属屏幕,一般包括手术影像、病历影像、影像截图、手术标本等,针对将要共享给患者的屏幕内容,提供清晰标识; 在谈话过程中提供绘画或书写功能,对于家属屏展示的内容可进行突出标注

4.5 智慧服务

智慧服务以患者为中心，通过手术智能谈话系统及医护患协同平台为手术部医护人员与患者及患者家属提供主动式、多样化、精准化的服务平台，以进一步提高医疗服务的质量和效率，增强患者的就医获得感，促进医患和谐。

建议根据项目实际投资情况自主选择智慧服务平台的功能进行建设。

4.5.1 手术智能谈话系统

手术智能谈话系统对手术过程关键环节向患者家属进行展示和沟通，以提高患者家属的知情权，增加手术过程透明度，从而最大程度降低医疗纠纷，提高医疗服务质量。

1. 应用技术

采用人工智能技术、笔迹共享技术、消息通信技术、信息集成技术搭建手术智能谈话系统。

2. 系统功能

系统功能如表4-9所示。

表4-9 手术智能谈话系统功能

模块	具体功能
谈话呼叫	手术间发起谈话呼叫，召唤家属至谈话间进行术中谈话； 谈话间界面内显示已发送通知的提示信息，可根据需求设置自动通知频次按需召唤，如果谈话间正在使用，则提示需要等待
谈话控制	建议采用医生屏和家属屏双屏谈话模式，由医生屏控制家属屏显示内容，医生可根据情况选择病历、术中照片与家属进行谈话； 医生在谈话过程中标注或书写，家属屏可进行标注突出显示； 医生在谈话过程中进行知情同意确认时，家属能够通过手写板签字完成知情同意签署
谈话共享	医生可根据情况，随时开始或结束共享内容到家属屏幕； 共享内容包括画面标识、影像共享、图片共享、标本共享等内容

(续表)

模块	具体功能
谈话模板	谈话开始时能够根据不同手术类型在谈话过程中为医生生成谈话模板,实现全面的谈话告知
谈话记录	可将系统集成的全景画面、音频数据进行完整记录存储,并可随时进行追溯回顾; 谈话文件自动上传至病历中心功能,谈话文件可本地暂存,在谈话结束时自动上传至病历中心
谈话回顾	术后可快速指定日期回顾近三天谈话记录或回顾指定日期的谈话记录; 在回顾手术病历的同时能够查看手术信息,在谈话回顾时可随时暂停播放谈话记录,满足医护人员回顾、分析某一画面的需求

4.5.2　手术公告系统

手术公告系统是协助手术医生、护理人员与患者及患者家属交流沟通的协同平台,其主要任务是实时显示患者手术状态信息,帮助医生、护理人员以及患者家属及时、准确了解患者所处的手术进程。

1. 应用技术

采用信息通信技术、信息集成技术搭建手术公告系统。

2. 系统功能

系统功能如表 4-10 所示。

表 4-10　手术公告系统功能

模块	具体功能
手术公告	在护士站或复苏室均能够动态显示当天手术排台信息,对于具有特殊要求的手术可以以底色进行区分,可动态显示当前手术的进展情况; 支持自定义配置显示内容,包括主麻、副麻、手术名称、手术间号、台词、术前诊断、患者姓名、手术状态等信息
家属公告	在家属等候区动态显示患者手术进展情况,手术进程与手术间实际情况一致
隐私保护	对于手术公告以及家属公告需对患者信息进行隐私设置,以保护患者隐私为目的,只保留姓氏和手术摘要,隐藏敏感信息,包括患者名字、床号、术前诊断、手术名称等信息
健康宣教	能够发布医院介绍、术后注意事项等内容进行手术宣教,格式包括视频、PPT、图片等

4.6 智慧管理

智慧管理以手术室为立足点，全链贯通手术部业务的人、财、物精细化管理系统以及智能化分析决策支持系统，其通过手术部医疗质量与安全管理系统、基础环境管理系统、药品管理系统、耗材管理系统、设备管理系统、器械管理系统、标本管理系统、科教管理系统、医疗辅助管理系统、智慧运营管理系统等智慧化管理应用平台对医院的医疗质量、人员、物资、设备、流程、洁净度等进行全面优化管理。

建议根据项目实际需求及投资情况自主选择智慧管理平台的功能进行建设。

4.6.1 医疗质量与安全管理系统

医疗质量与安全管理是医疗工作中至关重要的一环，涉及术前、术中和术后的多个环节，旨在确保手术过程的安全、规范、有序。手术安全管理对于保障患者生命安全、提高医疗质量、维护医护人员职业安全以及减少医疗纠纷等方面具有重要意义。

1. 应用技术

采用语音识别技术、移动互联网技术、信息集成技术构建医疗质量与安全管理系统。

2. 系统功能

系统功能如表 4-11 所示。

表 4-11 医疗质量与安全管理系统功能

模块	具体功能
医疗质量与安全指标定义	一般指标、重点指标、预警指标等指标定义管理； 手术质量控制指标、麻醉质量控制指标、手术护理质量指标等不同专业指标分类； 个性化安全与质量控制指标定义； 指标常见值域体系，正常值域、预警值域等
指标数据支撑	基于医疗质量与安全业务的指标管理数据定义； 手术部相关信息系统多源异构数据的采集与处理

(续表)

模块	具体功能
围术期管理	术前管理：提供患者风险评估、手术人员能力评估、手术风险评估、四级手术会诊及讨论、高风险手术等实时报告； 术中管理：提供设备、设施、耗材等核查，手术人员及手术重要环节核查，患者及手术过程核查等实时报告； 术后管理：提供患者术后恢复、转运衔接、术后评估及出院指导等实时报告
智能监管与预警	手术质量安全指标监管与预警，例如手术并发症、手术不良事件、患者死亡、非计划二次手术等指标； 麻醉质量安全指标监管与预警，例如手术麻醉取消、麻醉期间低体温、麻醉期间严重反流误吸等指标； 手术护理质量指标监管与预警，例如三方核查、器械清点、手术感染等指标； 高风险患者等个性化质量指标监管与预警，例如小儿、老人、高危孕产妇等指标； 依据大数据实现手术全过程AI智能监管与预警
质量安全报告	提供展示质量与安全相关标准和规范文件； 支持数据采集与上报、可视化数据分析、显示数据上报进度与质控反馈等信息； 提供生成统计报表、生成可视化图表、生成质量安全报告的功能

4.6.2 智慧后勤管理系统

智慧后勤管理系统以物联网开放平台为基础，针对医院后勤管理、监督和服务等特点，通过资源共享、互通，实现对手术部后勤服务所涉及的人、物、事全过程的监控管理，建立包含设备设施管理、物资管理、能耗管理、环境卫生管理等多领域的一站式后勤服务平台，提高后勤服务效率及质量，健全监管制度，让医院后勤管理更清晰、专业、轻松和高效。

1. 应用技术

采用AI技术、建筑信息模型（Building Information Modeling，BIM）技术、IoT、5G构建智慧后勤管理系统。

2. 系统功能

系统功能如表4-12所示。

表4-12 智慧后勤管理系统功能

模块	具体功能
安防管理	建议配置告警规则，监控发现异常自动告警，并推送消息给相关人员； 根据需要对接不同门禁设备，支持蓝牙/二维码/密码/刷卡/人脸识别； 门禁系统与视频监控系统联动，抓拍人脸信息并进行轨迹跟踪； AI智能分析巡逻画面，发现异常及时告警并推送消息给相关人员，巡更结束自动生成报告

（续表）

模块	具体功能
消防管理	智能识别明火、烟雾,快速制订保养/巡检计划,可自定义巡检周期、范围、执行时间和人员; 根据计划自动为相应人员生成巡检任务,扫码巡检,引导巡检人员逐项完成巡检,避免遗漏; 支持上传设备巡检图、文进行结果记录; 消防设备状态数据、隐患和报警数据、巡检管理数据云端汇聚呈现,消防安全管理有迹可循
自控管理	结合业务场景、设备的传感器和控制器,实现手术部基础设施(空调及通风系统、医用气体、照明等)智能值机运行; 可以监控基础设施运行模式、工作状态系统中的控制程序,自动调整优化运行; 在基础设施的某个设备发生故障时,及时上传报警信息
能耗管理	对手术部内部水、电、冷量等能耗采集、分析和管理模块进行集成与整合; 建立全景数据库,并通过能源计划、能源监控、能源统计、能源消费分析、重点能耗设备管理、能源计量设备管理等多种手段,建立客观能源消耗评价体系,及时了解真实的能耗情况,协助医院制订能源使用模式; 根据手术室相应手术排班情况自动控制手术室环境参数及设备的开关运行,实现高能耗设备的自动值机,以降低能耗; 自适应监测并学习手术室使用习惯及需求,并根据预设的标准进行自动调节,确保环境参数始终保持在最佳范围内
定位管理	通过物联感知技术实现人员的实时定位,运维人员、外包人员、安保人员管理可视化; 在移动端监测设备实时位置及运行数据,了解设备的运行状态,如发生异常自动报警触发工单,通过快速分析设备故障位置,有效地实现远程监测,提高设备运行能力
医废管理	通过手机端、便携式称重及打印设备,跟踪医废的产生、收集、运送、入库、出库等全过程,推进医疗废物在收集、分类、包装、贮存等环节与后期的医疗废物处置技术和管理模式相衔接,提高监管的效率,防止医疗废物的流失以及对社会、环境等的危害
保洁运送	将保洁运送工作计划嵌入信息系统,形成工单提醒,及时响应手术部发出的应急保洁运送需求,同步现场执行反馈; 对手术部内的患者、标本等运送进行高效的派工和管理,实现临时运送任务的流程流转,通过线上线下相结合的方式,实现各种报表统计及考核量化
预警管理	根据异常数据的危害(紧急)程度、响应时间等进行报警设置和安全预警; 报警信息以文字、动画、声音等方式在移动端进行展示,自动生成工单,提醒工作人员进行处理,报警内容包括故障位置、故障描述、故障原因提示和响应等级
BIM可视化管理	将运维过程中的各个系统(如安防、消防、物业、自控、能耗、空间、定位、环境等)以BIM模型为载体统一整合,实现人、设备与建筑之间的互联互通; 结合数据分析、性能分析与模型分析,为智慧手术部提供综合性的BIM运维展示平台

4.6.3 智慧药品管理系统

智慧药品管理系统主要针对精麻药品实现领用、使用、归还的电子化,形成一个完整闭环,利用信息化手段自动对科室精麻药品使用情况进行盘点、核对、纠错、对使用情况实时监控,使麻醉科手术室精麻药品管理工作规范化、标准化,进一步提升医院麻醉科管理水平。

1. 应用技术

采用智能仓储技术、物联网技术、自动导引技术构建智慧药品管理系统。

2. 系统功能

系统功能如表 4-13 所示。

表 4-13 智慧药品管理系统功能

模块	具体功能
库存管理	从医院药房中领用的药品,自动识别进行药品入库,记录入库药品的名称、数量、批号、有效日期等信息; 针对过期药品以及外出借用药品做出库处理,系统可实时展现库房麻醉药品的库存情况
存储管理	使用智能货架或智能药柜对药品进行分类存储,智能冷藏柜能够实时监控内部温湿度,确保需要冷藏的药品处于适宜的环境
权限管理	支持指纹、密码、ID 卡、人脸识别等多种登录方式,确保只有授权人员才能访问和操作系统; 根据人员身份分配相应的药品管理权限,保证每个人员都按照自己的职责和系统规则进行工作
用药管理	自动生成并打印符合规定的用药标签,包括药品名称、浓度、准备日期和时间、过期日期和时间等信息; 通过扫描用药标签或二维码,系统能够确认用药信息,防止用药错误
药品归还	患者手术完成后,将该手术所使用的药品归还; 建议采用物联网技术对药品消耗进行一一确认,对照系统中的用药清单记录、空安瓿以及麻醉处方笺核对并进行出库确认

4.6.4 智慧耗材管理系统

智慧耗材管理系统主要是利用物联网技术,将耗材管理平台与智能终端相结合,实现手术室各类耗材管理标准化、规范化,以实现存取、调配、盘点、追溯全流程闭环管理,进一步提升医院管理精细化水平。

1. 应用技术

采用智能仓储技术、物联网技术、自动识别技术、自动导引技术构建智慧耗材管理系统。

2. 系统功能

系统功能如表 4-14 所示。

表 4-14　智慧耗材管理系统功能

模块	具体功能
库存管理	将高低值医用耗材按照卫生标准的最小包装拆分,制订个性化定数包; 将耗材的具体信息(如名称、规格、有效期限等)输入 RFID 卡片,与定数包绑定,确保耗材的唯一身份识别,通过 RFID 芯片数据对耗材进行存储,实现耗材的快速定位和查找
耗材领用	通过身份识别领取耗材,身份识别方式包括人脸识别、ID 卡识别、用户密码识别,医护人员根据手术单号进行领用,数据实时同步给 SPD、HIS 等系统; 实时把取用结果与患者进行绑定,而不需要术后扫码绑定; 根据手术情况,术前或术中进行灵活取用,自动跟踪记录使用的情况; 手术完成后,能够关联到患者,并回传给 HIS 完成计费
耗材归还	对于没有使用的耗材,将绑定 RFID 芯片的耗材投入回收箱中,自动判断能否退回到柜中; 库房自动接收科室消耗数据,归还清单自动显示并保存
耗材盘点	实时监控耗材的库存状态和流动情况,根据盘点需求可选择部分盘点或全部盘点; 实时显示每个科室的库存量、使用情况和需要补货的数量,盘点耗材后,盘盈、盘亏、正常等数据可视化展示

4.6.5　智慧设备管理系统

智慧设备管理系统通过先进的信息技术实现对手术室医疗设备定位、使用、维修保养的智能化管理,以及医疗设备精准定位、使用能耗分析等。

1. 应用技术

采用物联网技术构建智慧耗材管理系统。

2. 系统功能

系统功能如表 4-15 所示。

表 4-15　智慧设备管理系统功能

模块	具体功能
实时定位	一般通过 2D/3D 电子地图的方式在电脑上显示设备在科室的分布; 医护人员在后台能够实时查看设备的信息、动态位置、运行状态、周边环境等信息
设备查询	可以通过设备名称、二维码等多种方式来快速查看设备的位置信息,帮助医护人员快速找到想要的设备; 当手术中存在突发情况时,可以通过平台快速地查找所需的设备,从而减少因寻找设备导致的突发风险

（续表）

模块	具体功能
轨迹查询	通过输入或者选择对应的设备、起止时间段,查看该资产指定时间段的移动轨迹; 在有异常情况时,可根据位置数据追溯事件全过程
报警管理	对于设备出现异常情况可发出报警提示,包括迁出报警、离线报警、电量报警等情况; 当设备被非法移动离开设定区域,或设备突然离线,可能有丢失风险,或设备电量达到低电量的阈值时,后台均会发出相应的告警提示
运行状态监测	通过能效标签对医疗设备的电流、电压等能效值进行实时监测; 监测医疗设备的状态（开机/关机）,并对监测的数据进行实时统计; 可以按周、月、年度对科室或者单台设备统计使用时长、使用频次、使用率等相关数据,进行监测分析,及时发现设备的异常情况
能效分析	通过对能效标签实时监测的数据,进行分析管理; 实时监测设备运行状态,使用时间、使用次数、设备闲置时间等使用率情况,进行统计分析,并对分析结果进行直观展示; 能结合具体设备使用率,针对性地统计设备实际产生的效益分析,为医院设备的维护保养、采购、能耗管理费用提供合理依据
一键盘点	根据科室设备台账,进行自动化盘点; 盘点结果清晰展示设备状态,包括是否丢失、位置是否正常、使用状态信息（开机/关机）、维修状态信息等,方便设备的日常管理统计

4.6.6　智慧器械管理系统

智慧器械管理系统主要是利用新一代信息技术对器械清点流程进行整体电子化管控,严防因器械清点不清造成的手术器械、敷料遗留体内,以保障手术器械在手术过程中发挥最佳效能,降低手术风险,提高手术成功率,确保手术顺利进行和患者安全。

1. 应用技术

采用物联网技术构建智慧器械管理系统。

2. 系统功能

系统功能如表 4-16 所示。

表 4-16　智慧器械管理系统功能

模块	具体功能
器械包入库	支持供应室运到手术无菌库房的器械包逐个扫码核对,实现器械包的交接与入库; 将器械包的消毒等基本信息自动导入,包括器械包名称、型号、规格、数量、生产日期、有效期、供应商信息等

(续表)

模块	具体功能
器械包出库	支持通过扫描器械包上的二维码或者人工录入等方式,对每个出库的器械包进行核查记录,判断器械包是否过期,保障器械包安全出库,保障患者器械使用安全; 数据可追溯至对应的手术间和领用人
器械包的退换	支持通过扫描器械包上的二维码,完成器械包的退换功能,提高护士的工作效率; 对于二次回库的器械包会单独提示,防止不必要的感染等问题
器械包的追溯	支持对器械包的使用情况生成相应的报表; 支持通过扫码或者入库等搜索条件,查看该器械包在本科室的整体使用情况

4.6.7 智慧标本管理系统

智慧标本管理系统通过智能化手段,对手术标本的收集、登记、保存、送检等各个环节进行全程跟踪和管理,确保标本的完整性和可追溯性,进一步提升医院管理精细化水平。

1. 应用技术

采用物联网技术构建智慧标本管理系统。

2. 系统功能

系统功能如表 4-17 所示。

表 4-17 智慧标本管理系统功能

模块	具体功能
标本匹配	在病理标本外包装上贴有唯一条码,可作为院内码、管理码、收费码,每一个条码对应唯一病理标本
标本分类	标本进行存库操作时,扫描到新的标本类型,系统将自动增加这个标本的分类信息,登记信息包括条码号、病理名称、病理数量、离体时间等基础内容
标本保存	标本进行存库操作时,扫描到新的标本规格时,系统将自动增加这个标本规格信息; 扫描标本盒上的识别条码,系统将自动和系统对接,获取标本信息,自动填写在入库界面上; 将贴有电子标签的标本放置在 RFID 读写器上,自动读写电子标签,将该电子标签和该标本信息绑定; 完成标本的入库操作; 假如有标本入库错误的情况,可允许操作员取消入库; 通过选择标本柜位置以及日期,查询标本的入库记录、存取记录
标本送检	支持记录病理标本送检,通过对病理标本进行扫码,记录送检人和送检时间
数据统计	支持按照指定时间段、指定科室、指定患者、指定人员信息,对常规标本进行统计和查询,形成报表,支持报表的导出和打印

4.6.8 智慧科教管理系统

智慧科教管理系统是一个集教学、科研、数据管理于一体的综合性平台,通过手术示教系统及学术交流平台为手术室及示教室提供手术直播转播及互动交流平台,通过手术电子病案管理系统及手术电子病历编辑平台为手术部在线教育资源提供集中管理与高效编辑,从而为医护人员提供更加便捷、高效、安全的教学、科研和管理服务。

1. 应用技术

采用云视讯技术、数据融合技术构建智慧科教管理系统。

2. 系统功能

系统功能如表 4-18 所示。

表 4-18 智慧科教管理系统功能

模块	具体功能
手术示教	在手术直播过程中的手术影像画面和数据能够实时记录并存储,对于无法观看手术直播的医护人员能够通过平台进行点播; 支持一屏多画面同时显示单个手术间的术野、全景、腔镜、监护仪、手术信息等多个画面并同时显示患者手术相关信息; 建议设定交互权限,示教室在向手术室发出交互申请时,获得权限后才可进行双向语音交互
学术交流	学术交流过程中能够远程调节摄像机角度、景深,满足远程画面角度调节需求; 对本地音频能够根据需要进行调节,对于手术画面、声音品质可根据网络状况进行自定义设置,保证在观看高清手术画面的同时,唇音同步; 建议能够配置专家信息,依据术者显示相应专家信息介绍,在学术交流的同时自动监测本场手术的术者或配置活动主题,自动在手术画面上显示信息介绍
电子病案管理	支持自动提取围术期各个手术关键节点数据及影像,快速生成记录单; 通过视频播放方式在线回顾指定手术病历,播放同时可进行简单的信息补充处理。对于典型手术进行标记分享,分享权限根据不同角色进行权限开放; 自动提取患者信息、手术信息生成文书,手术照片,生成带图文形式的完整手术记录单
电子病历编辑	通过时间轴框选定位关键画面位置,通过画面轴精确定位手术画面,时间轴与画面轴分开操作,联动编辑; 支持快速框选截取所需视频片段进行快速编辑导出; 支持对富媒体手术病历进行病历分割、部分裁剪、画面拼接、画面定位、图文水印、隐私保护、事件标识、信息叠加、添加配音、画面旋转、画中画融合等专业编辑; 编辑完成的手术富媒体电子病历导出后可自动进行归档; 建议在权限允许的条件下可导出完整患者病历,不需要依赖医院网络环境,满足医生视频剪辑、课件制作的需求

4.6.9 智慧医疗辅助管理系统

智慧医疗辅助管理系统是医院管理体系中的重要组成部分，旨在对手术部医疗服务规范进行系统评价与管理，从源头规范手术行为及医废处理，进一步降低院感率。通过一系列智能化平台，实现手术室人财物规范化管理、洁净度提升。

1. 应用技术

采用物联网技术、人工智能技术构建智慧医疗辅助管理系统。

2. 系统功能

系统功能如表 4-19 所示。

表 4-19 智慧医疗辅助管理系统功能

子系统	模块	具体功能
手术衣鞋柜管理	医护人员智能准入管理	与医院手术排班系统对接，根据排班信息自动对医护人员进出手术室过程中的权限进行判断； 结合各个流程中鞋与洗手衣的使用来规范出入洁净区的行为； 对于临时人员、参观人员、器械跟台人员建议支持手工信息维护
	智能流程管理	根据医院手术室实际管理流程的特点设定进入手术室、换衣、换鞋等流程，借助门禁、智能发衣鞋机、智能存储柜、智能回收机等智能化设备，实现医护人员进出手术室行为规范的闭环管理
	智能标签管理	对手术部人财物定义不同的类别标签，可利用 IC 卡或 RFID 标签技术，对人和洗手衣、鞋等物品进行绑定，从而可对医护人员进入手术室所领的物品进行关联管理； 物资标签类别一般包括洗手衣、鞋的尺寸类别、物品性质等信息分类，人员标签的管理包括医护人员姓名、性别、科室、职称、手术排班等信息
	智能衣鞋发放管理	智能发放设备基于 IP 网络实现智能化控制，结合医护人员身份信息自动与中心自动化控制服务器比对识别人员身份，并作出发放、开门、提示等，并自动发放相应类别的洗手衣、鞋，类别包括衣服和鞋子尺码； 建议手术室内所有的智能发放设备在统一平台控制与管理，一旦衣物数量不足自动发出提醒
	智能衣鞋存储管理	衣物存储结合手术室医护人员的实际使用情况，进行流动柜和固定柜的权限设置； 所有智能存储柜建议安装智能识别及控制器，并连接 IP 网络，由后台统一管理。使用时系统自动将所检测到的医护人员相关信息与中心服务器数据进行交互通信，根据持卡人的身份权限分配鞋柜并进行相应的提示并自动记录柜门开启时间

(续表)

子系统	模块	具体功能
手术衣鞋柜管理	智能衣鞋回收管理	在医护人员领洗手衣、鞋时自动与医护人员进行信息绑定,医护人员在出手术室之前,将其账户下所领的洗手衣放到智能设备的回收托板上,回收机能进行识别并自动回收,识别方式包括红外物品检测装置或 RFID 检测装置; 衣物回收后能够解除医护人员名下所领洗手衣,以便具有权限开启手术室大门或下次领衣权限; 当衣物超过设定数量则主动提醒
	智能设备远程监管	提供管理界面,界面上实时显示设备使用状态; 能实时了解设备资源使用的情况,包括:发放设备已发多少衣鞋、还剩多少衣鞋,低于一定数量自动报警;智能存储柜多少被占用、多少被使用、多少被锁定;回收机已经回收多少数量的衣鞋;每一次使用的信息都记录到数据库中
	异常信息管理	医护人员未正常走流程时,自动推送异常信息到显示屏上提醒不规范行为; 与医院短信平台对接,当医护人员未遵守手术室管理流程时,短信平台自动发送短信提醒违规人员; 针对未按流程规范、因设备故障而引起的员工卡锁定等异常情况,支持信息重置,保证医护人员的进出使用
	统计查询管理	对医护人员在进出大门、洗手衣鞋的领用、归还等重要的节点的相关信息进行自动记录,包括各个控制点的数据、洗手衣的使用数据、拖鞋的使用数据、污衣回收数据; 支持查询各个环节的信息数据生成报表,包括每日报表、月度报表等综合报表
手卫生管理	智能洗手监测管理	建议依据《中华人民共和国卫生行业标准》(WS/T 313—2019)对医务人员手卫生规范进行标准化洗手引导,通过镜面显示为医护人员提供参考,可按指引完成洗手过程; 支持面部识别人员身份自动适配洗手类别,洗手过程中对洗手动作进行动态识别,实时反馈动作规范性,包括七步洗手法的每步手势时长、揉搓时长; 对于不合格洗手进行提醒直至洗手规范,洗手完成后对洗手进行评价反馈
	手卫生依从率管理	依据洗手行为实时更新洗手规范率排行榜,不规范洗手行为将自动抓取并截图记录推送至管理平台; 对医护人员手卫生数据进行动态统计和直观展示,实现依从率进行量化管理
工勤人员管理	工勤人员定位管理	建议为每位手术室工勤人员佩戴定位标签,标签内置智能芯片和传输天线,定时或实时向系统发送位置信息; 处理和分析接收到的位置信息,通过可视化界面展示工勤人员的实时位置和历史轨迹

(续表)

子系统	模块	具体功能
工勤人员管理	工勤人员智能准入管理	利用人脸识别、指纹识别、刷卡验证等多种身份识别方式,对工勤人员的身份进行验证,确保只有经过授权的人员才能进入手术室; 将手术室内的门禁系统、监控系统、定位系统等连接起来,实时追踪和记录工勤人员的位置和行动轨迹
工勤人员管理	工勤人员派单管理	对接医院手术麻醉管理信息系统,实现与手术进程相关的自动派单; 紧急/重要派单任务,调取系统人员数据库,系统自动语音呼叫距离所属任务手术室最近的空闲护工,通过扫描已绑定患者信息的定位标签,获取接送患者任务的详情
工勤人员管理	工勤人员接单管理	工勤人员接到"新工单"通知,限时接单或者拒接,接单超时或拒接后,系统自动寻找下一个合适的护工进行再次派单; 支持在操作终端进行"抢单"动作,根据工单指派前往指定区域进行工作,护工工作结束后,可确认已完成
工勤人员管理	工勤人员绩效管理	支持对任务进行人员指派和人员改派,可以随时对任务进行重置; 支持对任务的数量、任务状态、任务执行时间、不同任务各状态节点进行统计查询,支持生成报表并打印
医疗废物管理	医疗废弃物管理	支持对医疗废弃物进行自动称重、扫码识别分类、信息记录,并通过智能转运设备转运到医院的医疗废物暂存处或指定的处理场所; 支持实时查看每日、每周、每月医疗废弃物的收集分类统计量,包括废弃物明细、收集人员、收集时间、收集科室、入库数据、出库数据等各类数据,追踪显示某一袋医疗废弃物产生到出库的详细信息; 支持对实时、历史数据的统计分析,用多种报表、图表的方式展现实时和历史数据; 支持数据的分析预警,对异常情况实时监管

4.6.10 智慧运营驾驶舱

智慧运营驾驶舱通过建立围术期智慧手术部临床及运营大数据中心,并依据先进的知识体系、数据模型及分析工具,提供丰富的量化数据,为医院的管理决策提供数据支撑,为智慧手术部建立可视化的数字孪生智慧运营平台。

1. 应用技术

采用人工智能技术、可视化技术、大数据技术、信息集成技术构建手术运营大数据中心。

2. 系统功能

系统功能如表4-20所示。

4 智慧手术部管理平台建设

表4-20　智慧运营驾驶舱功能

模块	具体功能
智慧运营监测	实时监测手术室基础环境运行情况,包括照明、空调温湿度、医用气体、压差等数据,实现集中远程环境监控和预警管理; 实时展示手术开展情况,重要手术分布位置,可随时查看重要手术开展情况,患者情况,详细查看每台重点手术明细信息; 支持监测手术富媒体病历完成情况,对于手术衣鞋及洗手行为未按要求执行的,自动监测记录; 实时监测各类物资、耗材数据库存情况、使用情况; 实时监测手术部医疗设备的位置及设备运行时长、能耗分析数据
智慧运营分析	对手术总台次,以及择期手术、急诊手术、临时取消手术、高龄手术等各类手术台次等指标进行统计分析; 对手术间使用率、首台准点开台率、连台率、首台手术延迟率、手术时长、接台时长、手术间等待时间、择期手术周转率等指标进行统计分析; 支持对非计划再次手术率、三四级手术占比、微创手术占比、手术患者死亡率、术前访视率等指标进行统计分析; 支持对手术室照明、空调能耗情况进行统计分析,结合手术费用、耗材使用、住院时间等信息,分析手术的成本效益
智慧运营可视化	动态呈现手术部手术数据,包括手术量、三四级手术构成、首台准点率、平均手术接台时长、重点手术等数据及趋势信息; 可视化展示不规范医疗行为及异常情况、手术部物资使用情况、医疗设备位置及运行时长、能耗分析情况、历史手术总体情况等; 支持综合呈现手术部3D地图、人员配置与排班、设备安排与维护、手术排程与调度、流程管理与质量控制、安全保障与应急处理等多个方面的信息

5

智慧手术部建设组织与管理

5.1 工作难点

5.2 组织构建

5.3 各阶段工作要点

5.4 协调机制

5.5 建筑信息模型技术应用

智慧手术部建设的组织与管理贯穿项目策划、设计、采购、施工、联合调试、试运行以及验收交付各个阶段。由于各医院建设模式多样，项目的组织与管理方式也不尽相同。本章从智慧手术部建设的组织与管理的难点及要点出发，以高效、科学、合理、合规为原则，为建设单位提供指导方案。

5.1 工作难点

智慧手术部建设组织与管理覆盖项目全过程，主要难点如下。

（1）涉及医院科室及部门多：手术部作为医院的核心平台部门，既与病理科、输血科、消毒供应中心、检验科、药剂科、放射科影像科等临床科室直接关联，又与基建管理、后勤管理、信息管理等职能管理部门协同配合，还与全院所有外科手术科室都有密不可分的联系。因此在建设过程中，各部门需求的整合与协调、项目介入节点与确认以及交界面的明确至关重要。

（2）关联设备及系统多：从智慧手术部管理平台的需求出发，系统集成了服务、管理以及围术期大数据的各类数据，涉及数量众多的医疗设备、机电设备以及专项系统，因此设备及系统之间数据的融合与贯通，既是智慧手术部建设的基础，也是项目管理工作的重点。

（3）施工过程中专业交叉面多：手术部建设涵盖建安施工各专业以及医院建设所需的各类专项，在建设过程中需要为各类设备的安装使用提供配合条件，因此各专业在前后工序上的衔接以及同时施工过程中的协调配合是保证项目顺利推进的关键难点。

5.2 组织构建

5.2.1 组织架构和成员构成

智慧手术部建设管理机构的设立符合"满足功能需要、精简高效、科学合规"的原则。智慧手术部建设参与人员分为医院业主方和项目参建方两个部分。业主方由医院各职能管理科室及临床科室组成,项目参建方由各分部分项工程的建设和配合单位组成。

对新建项目来说,智慧手术部可以作为整个新建项目管理的一部分;而对改建项目来说,管理机构则可独立设置。机构分领导层以及实施层,领导层由医院主要领导进行总体指挥,成员包含临床科室及职能科室主管领导。实施层包括临床科室以及职能管理科室,临床科室通常涵盖麻醉手术科、药剂科、消毒供应中心、检验科、放射影像科、病理科、输血科等医技平台科室以及各手术科室,职能管理部门通常涵盖医务、护理、院感、科教、信息、医工、基建、后勤等。业主方基建管理部门在项目组织架构中需具有较大的决定权以及协调权,以确保项目能够顺利推进。

项目参建方组织架构根据项目管理模式与承发包模式进行设定。

5.2.2 职责分工

(1)业主方管理机构:汇集院内临床科室需求,协助完成设计任务书中项目目标的确认,协调职能部门完成智慧手术部各个系统与医院现有系统之间的对接。

(2)领导层:对智慧手术部建设目标进行决策,从领导层级协调临床及各职能科室。

(3)基建管理部门:对医院各项需求以及管理规则进行梳理整合,确保可实施性。

(4)信息管理部门:协助智慧手术部各系统平台联网采集各医疗系统数据,确保数据互联互通且真实、统一、可靠。

(5)医工管理部门:协助完善智慧手术部内各类医疗设备数据的提供。

(6)临床管理部门:负责收集临床科室需求,确定手术人员的工作流程以及各项权限。

(7)后勤管理部门:负责确定手术部后勤相关人员工作流程以及各项权限。

5.3　各阶段工作要点

5.3.1　策划与设计管理

项目策划是项目成功实施的基础，决定了项目的方向、内容和最终成果。项目策划需进行充分调研，调研内容包括：对类似医院项目实地考察、了解项目使用产品性能、项目工艺流程设计情况、医院运行工作流程和管控指标以及项目运行在安全性、可靠性、可操作性等方面的内容，以及需要与医院信息化系统进行对接或数据互联互通内容。医院信息中心需协助提供内部接口和外部接口的定义，包括可能发生的定制化开发费用及相关标准等。

在策划阶段，需要编制项目投资估算，确定项目总投资。手术部作为医疗建筑特殊功能空间，在不同地区均有较为适合本地区的投资金额范围，但并不能覆盖智慧手术部的全部建设资金，故智慧手术部的建设需要在概算编制时单独计价。在一次投资受限的情况下可整体设计、分步实施。如采取分步实施方案，在设计阶段需做好实施各阶段软硬件实施内容的切分，确保在各实施阶段的工作内容能独立使用，以及后期升级改造时在不能影响手术部正常运营的前提下能顺利衔接整合。

在编写智慧手术部专项设计任务书时，可结合项目调研、项目投资、行业技术发展等情况，根据每个医疗机构的专科特色、手术开展类型、智慧医院建设情况、教学和管理需要等综合考虑，从手术质量、运营效率、手术教学等角度有侧重地选择建设内容，合理安排建设时序，同时也需考虑后续的可拓展性。

1. 设计任务书的内容

（1）项目背景：医院总体功能定位，手术部概况。
（2）设计目标：智慧手术部系统的覆盖面、场景以及各个系统的功能目标。
（3）各分项或子系统的功能模块：系统需要实现的各分项功能说明及技术要求说明。
（4）实施界面划分及设计范围：与智慧手术部系统实施和部署相关的各单位

间界面划分要清晰,包括施工界面、数据对接方式以及数据衔接方式等。

(5) 投资控制:明确概算并进行限额设计,概算编制需充分考虑系统数据接口可能产生的费用。

(6) 成果提交:明确图纸深度、内容以及后续深化配合的工作内容。

2. 限额设计原则

智慧手术部专项设计人员根据专项设计任务书进行限额设计,在设计阶段严格进行预算控制。

(1) 整体设计原则:以智慧医院建设为中心,结合医院管理理念和自身特色进行智慧手术部管理平台的顶层设计;结合现有情况查漏补缺、提质增效;渗透手术部各场景设计,满足智慧医院建设、互联互通、电子病历评级等建设目标,以推动医院的高质量发展。

(2) 分步实施原则:基础设施、管理平台、需一次性采购的设备要优先实施、适度超前,而不影响开办使用的其余设施、设备、软件系统可按需分步设施,逐步建成智慧手术部。

5.3.2 采购管理

在确定需求和完善设计的基础上,如有必要可进行投资及方案专家评审。根据专家评审结果,调整和修改设计,并优化项目预算。非必要情况下,预算不可突破投资概算。

采购时间安排需考虑智慧手术部系统使用时间以及项目与其他相关联系统采购方式等因素。智慧手术部的常见采购方式有两种:一是作为独立采购项目进行采购;二是作为其他项目的一部分进行采购,且通常与洁净手术部工程的采购相关联。

采购文件的编写需注意以下几点。

(1) 智慧手术部系统与手术部净化工程、医院信息化工程及其他系统的工程设计、施工安装的界面划分。设计、施工安装界面划分不限于医院机电系统或信息化系统,还需包括医院自采医疗器械和设备,同时还需提前梳理医院基本开办设备和办公耗材。界面划分还需明确智慧手术部系统和医院医疗信息化系统或平台相关系统的数据对接方式。

(2) 主要设备及材料的档次需要与预算编制确定的价格范围相匹配。建设单位可以根据投资情况进行确定。考虑手术部的工作特性，对于与医疗功能紧密相关、使用频率较高以及后期拓展升级难度较大的设备设施，建议提高质量水平，进行一次性全部采购，采购时需对其关键部件的性能及技术参数做出明确要求。

（3）深化设计条件约束。智慧手术部在施工前，中标单位一般会根据产品及医院使用要求等进行深化设计，在采购文件编写时需对深化设计工作内容和确认方式有所限定，对因深化设计产生的造价变化需有所约定。

（4）质保服务内容明确。由于智慧手术部建设从洁净手术部完工到启用，配合医疗设备安装、信息系统调试时间较长，因此质保期开始节点的界定需明确，同时需明确质保期内的服务内容。

（5）付款方式约定。智慧手术部建设影响因素多、时间长，合理制订付款节点能保证施工单位有充足的资金投入，确保项目进度；同时，需充分考虑项目过程中的风险管控，保证项目现场整体可控。

5.3.3 施工与调试管理

1. 前期准备阶段

（1）深化前设计交底。设计方对智慧手术部中标施工方进行设计方案和设计思路的技术交底。

（2）使用需求调研。针对目标科室或使用部门的使用需求和用户习惯进行调研，形成需求说明书，并得到用户的签字确认；在此基础上对各配合系统所需要的数据接口和联网通信等进行需求调研，确认各自的接口方式和通信协议，如有争议或需业主方协调事宜，尽早提出，并通过专题协调会解决。

（3）深化设计与确认。智慧手术部需要对手术部各个场景进行深化设计，一般可结合现场环境、施工条件对设计图纸进行一定相应修改。修改方案基于净化单位深化图纸进行更新，由医院基建、信息、医工、后勤科室、手术室部门共同参与深化方案确认，最终形成智慧手术部施工图纸，并依据施工图纸制订施工方案。此项工作主要是提高智慧手术部深化方案设计的合理性，以及完成相关单位的交底，明确各场景的具体预留、配合需求。

（4）图纸会审与施工图设计。图纸直接影响智慧手术部施工质量、进度和效果，因此在准备阶段对前期设计图纸会审尤为重要。需组织各施工专业确认图纸是否齐全，检查是否存在错误或者矛盾；需出具和确认用于指导施工的设计图纸，并对有问题的部分进行检查纠正。

（5）施工交底。智慧手术部施工涉及交接面较多，智慧手术部中标施工方进场施工前，项目管理方需组织医院方、现场相关参建单位进行施工交底，交底内容包括与净化、内装、机电、消防、智能化、医疗设备、信息化等各专业施工界面、配合预留工作等要求。项目管理方可以是医院业主方或代建单位等，也可以由多方共同组成。

2. 施工和调试阶段

（1）编制施工组织设计方案和施工总体进度计划。由智慧手术部施工方编制施工组织设计方案和施工总进度计划，根据手术部净化工程或项目总体施工部署制订施工方案，通过对分项工程的计算，明确工程量，进而计算出人力、主要材料、施工技术装备的需要量，确定各阶段、设备、技术装备的开工顺序、施工期与安装衔接时间，用进度表作为控制施工进度的依据；由医院项目管理方、监理单位（如有）审核确认施工组织设计方案和施工总体进度计划，并对施工过程进行监督检查。

（2）基础条件预留。智慧手术部系统需在基础建设条件具备的条件下运行，包括建筑装饰、电气、智能化（网络、物联网等）、医疗设备等。因此在净化工程开始后，智慧手术部施工方需密切关注净化工程进展，通过现场审查方式确认设计阶段配合、预留工作是否落实，并对过程中所发现的与设计不符、存在疏漏、不合理情况等，及时采取相应措施进行改正，必要时可以通过例会或者专题会议讨论并制订解决方案。此项工作需在净化装饰封板前完成，智慧手术部施工方需对此进行全面检查，以确保满足智慧手术部运行要求。

（3）入场设备管理。智慧手术部设备满足入场条件后，施工方办理设备入场手续，申请设备入场。设备到达后由医院项目管理方、监理单位（如有）进行设备入场清点记录，检查设备数量、相关质量证明文件与实际是否相符，并确认设备与招投标过程、合同要求是否相符，对不相符情况及时要求施工方进行更换。

（4）设备安装和系统部署。智慧手术部设备和系统满足安装和部署环境之后，施工方按照施工组织设计方案进行设备安装和系统部署。施工方在设备安装前需检查设备安装位置是否满足要求，在满足条件的情况下方可对设备进行安装。在设备安装和系统部署过程中，如有异常情况或风险因素，施工方要及时协调或上报，以保证项目计划的如期完成。

(5)设备调试和系统自测。智慧手术部设备调试分为单体调试和系统联调。在满足通电条件下施工方对设备进行通电调试。系统联调需同时满足网络和信息系统对接条件,以对接其他专业系统展开上线前的整体联调。施工方需对设计范围内的设备进行调试和系统自测,以满足设计目标要求。

3. 试运行阶段

智慧手术部施工方在完成设备调试和系统自测工作后,进入系统试运行阶段。按照施工组织设计方案的设计目标,进行各专业系统模拟运行,观察运行状态,模拟系统运行不少于一周,对遇到的所有问题进行处理、逐步优化。试运行过程中,施工方需要及时处理遇到的各种问题。该阶段为智慧手术部系统的磨合期,因此需按照设计目标进行模拟运行,以在正式运行前发现问题,并及时进行处理和优化。

5.3.4 项目验收与开办

1. 参与验收主体

由基建管理部门牵头,由信息管理、医工管理、临床管理、后勤管理、资产管理等部门以及智慧手术部施工方、监理单位(如有)共同组成验收小组进行验收,也可邀请院外专家共同参与。

2. 验收时限

智慧手术部建设完成后,施工方与医院相关科室完成初步验收工作,并向医院提交竣工验收申请报告。因特殊原因不能按时提交竣工验收申请报告的,需要及时提出延期验收申请,经批准可适当延期竣工验收时间。

3. 验收依据

验收依据包括国家有关法律、法规以及医院基建、信息化建设等相关标准;经批准的项目建议书、可行性研究报告、初步设计方案、概算报告及相关批复文件;建设项目的投标文件、合同文件、项目配置文件及规格说明书及需求变更说明书等。

4. 验收条件

网络设备、管线系统、终端设备等实体工程,应用程序、安全保障等软件系统以及配套设备经测试和试运行合格;项目投入使用的各项准备工作已完成,能适应项目正常运行需要;项目建设过程文档齐全。

5. 验收内容

①对照项目配置清单中所有设备进行点验；②对照需求规格说明书中所有功能项进行测试；③对系统的业务流程进行测试，对常见误操作及操作错误、软件错误进行容错测试；④对各种用户权限、操作日志及密文方式进行安全性测试；⑤对各项性能指标进行性能测试；⑥对用户操作界面、提示、风格、输出方式等方面进行易用性测试；⑦对系统运行环境进行适应性测试；⑧对于复杂项目进行安装测试、压力测试及恢复测试等特别测试；⑨对用户文档包括安装手册、操作手册、维护手册等文档的描述、理解程度、详细程度进行测试；⑩对项目相关的验收申请报告、投标书、合同、需求说明书、操作手册、用户手册、接口规范等过程文档进行验收。

6. 项目整改

在验收小组指导下，对验收内容逐一审阅核对，对项目建设情况进行初验，并根据验收情况提出意见和建议，施工单位完成限期整改。

7. 项目验收

在施工单位完成初验以及限期完成整改后，报验收小组完成终验；验收小组成员完成终验验收合格后，在项目验收报告上签署意见和盖章。

8. 用户培训

试运行进入到稳定期后，开展用户培训工作，指导用户使用，同时依据用户使用反馈进行相应调整、优化流程，以使系统达到最佳运行状态。在此过程中需要做好全过程记录并妥善保存。

9. 设备移交

项目验收完成后，完成主要设备和系统的设备移交工作。注意设备移交工作完成后，院方需要对设备的安全和运行自行负责。

10. 正式运行

用户掌握智慧手术部系统使用后，系统进入正式运行阶段。

11. 售后服务

工程验收、设备移交后施工方根据合同条款进行项目售后维保。

5.4 协调机制

5.4.1 管理协调

根据智慧手术部建设组织架构,管理协调工作分为医院业主方协调和项目参建方协调,主要目的是统筹项目参建各方及时有效地解决复杂问题、预判与控制风险点、调度与分配资源、控制进度和质量等,以实现项目的各项目标。

管理协调工作的重点包括建立协调委员会和制订协调工作流程。

1. 建立协调工作组

医院业主方项目管理机构可以落实管理协调工作,也可以业主方管理机构中涉及的各部门委派人员另外组成协调工作组。业主方基建管理部门在管理协调工作中需要有较高层级的决策权及调度权,能够实质性推动协调工作。

2. 协调工作主要内容

业主方协调工作组主要职责是明确项目目标和范围、制订详尽的项目计划、维护良好的沟通渠道、监控项目进度与质量。在项目实施过程中,主要涉及以下工作内容。

(1) 外部联系沟通。项目实施过程中,建设单位作为项目主体需要与外部单位进行政策性、法规性以及程序性工作的沟通联系。在不同项目管理模式下,外部要求与内部需求都可能存在差异,需要协调工作组就医院需求做好对外沟通工作,最大化满足需求。

(2) 内部需求的整合与平衡。智慧手术部涉及的医院各个部门都有不同需求,需求的覆盖面以及考虑因素也都不相同。不同的需求在项目的某一功能区或者系统中有无法完全满足、需要前后序实现甚至存在冲突的可能,协调工作组需要在全面考虑各部门需求的基础上,结合项目实际可操作性最优化系统功能。

(3) 施工管理协调。按照项目计划监控项目进度是协调管理的重点,在项目实施过程中对资源配置、任务调配以及资金使用都要做到实时跟踪并及时调整,将问题在预警阶段以及暴露初期妥善解决。

3. 制订协调工作流程

(1) 获取信息。对协调事项进行调查摸底,了解事情的来龙去脉,弄清矛盾的症结所在;了解各方对问题的看法,力求站在全局的高度,准备好必要的资料、数据和信息。

(2) 分析问题。对掌握的信息进行分析研究,把握问题的起因和缘由,判断问题的性质,分清矛盾的主次,找出解决问题的方法。

(3) 制订可行性方案。经过反复推敲、商讨、权衡,制订可行的协调方案。

(4) 实施协调方案。方案实施时,要坚持原则把握大方向,具体方法要灵活,态度要谦虚同时要换位思考,多考虑被协调方的困扰和难处,使协调工作令人信服。

(5) 情况反馈。收集协调后的一些反情信息,通过再决策、再执行,使协调结果不断完善。

(6) 协调总结。总结协调经验,探索规律,以备后用。要重视项目的总结和成果输出,及时地留下文字方案、图纸、图片和视频资料,为后续的项目实施和运营维护,做好记录和资料支持。

5.4.2 技术协调

按照界面划分,智慧手术部所涉及的技术协调工作如下。

(1) 净化装饰专业相关技术协调:净化装饰专业深化设计时,需对智慧手术部所有设备进行安装预留;设备安装配合、加固工作;设备安装后收边美化工作。

(2) 净化区域电气专业相关技术协调:电气专业深化设计时,需对智慧手术部所有设备进行用电预留;配电箱内主要元器件以及灯具等需具备智能化管理的设施与接口,开放端口与数据。

(3) 净化暖通空调专业相关技术协调:净化空调控制系统的控制满足机房本地控制、室内控制和远程集中控制的功能需求;系统主要设备需具备智能化管理的设施与接口,并且开放端口与数据。

(4) 医用气体相关技术协调:其他阀门箱及报警系统需对智慧手术部开放端口及数据。

(5) 智能化工程相关技术协调:智能化深化设计时,需对智慧手术部所有设备进行用网预留;智慧手术部调试时,智能化专业进行配合;门禁系统需提供智能化管理的设施与接口,开放端口与数据;全景监控系统需提供智能化管理的设施与接口,开放端口与数据。

(6) 医疗设备相关技术协调:医疗设备采购时,需明确开放端口与数据;医疗设备安装时,需配合对智慧手术部进行端口预留;医疗设备调试时,需配合智慧手术部进行系统联调。

(7) 运维管理相关技术协调:智慧手术部系统需开放端口与数据,提供运维管理平台。

(8) 信息系统相关技术协调:充分考虑各系统互联互通和数据共享的可靠性和可实施性,同时需兼顾数据交互双方的数据安全和系统稳定;在施工部署和测试过程中,及时做好版本和变更的资料记录;HIS、LIS、PACS 等信息系统需对智慧手术部开放端口与数据,在系统联调和试运行阶段,制订系统故障应急情况预案,做好数据备份和系统恢复方案。

5.5 建筑信息模型技术应用

BIM 技术已经成为建筑业领域的重要创新技术,在国内外得到了广泛应用。BIM 技术在复杂医疗建筑全生命周期中具有不可取代的价值和优势,尤其在洁净手术部机电系统的设计、施工和运维管理中能发挥重要作用。

5.5.1 设计阶段

通过 BIM 创建手术部的三维可视化模型,使设计更加直观,便于设计方与临床使用部门进行沟通。利用 BIM 技术进行手术部光照、通风等环境分析以及空间布局和医疗流程优化,确保手术部环境在满足医疗需求的基础上实现运营高效性(图 5-1)。

通过 BIM 构建强弱电、给排水、暖通、消防和医用气体等机电专业及医疗专项模型,并协同各类系统管线布置;根据设备厂商提供的图纸和参数,构建医疗设备模型;通过反复模拟,实现机电和手术部设备的选型优化。

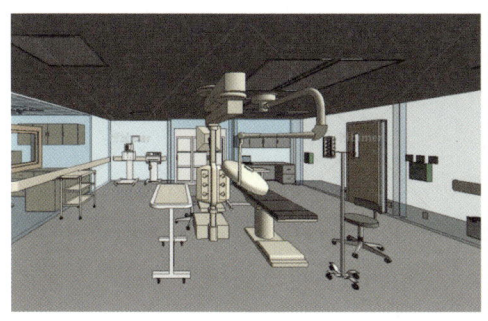 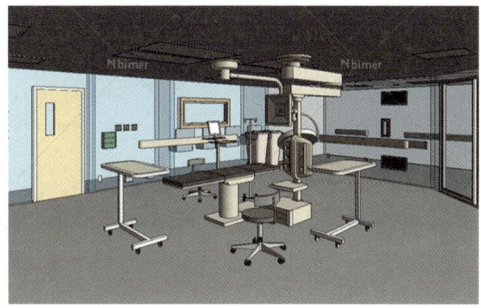

图 5-1　手术部三维显示

5.5.2　施工阶段

在管线综合方面,通过建筑、结构、强弱电、给排水、暖通、消防和医用气体等专业的三维实体模型构建,优化强弱电、给排水、空调、热力、动力及消防等综合管线,提前发现并解决施工中的管线冲突问题(图 5-2)。

 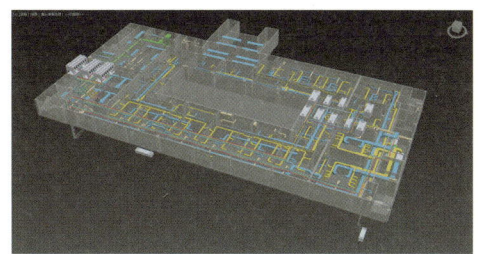

图 5-2　管线综合　　　　　　　　　图 5-3　运维模型

在施工管理方面,通过 BIM 技术对施工材料、设备、人力资源进行管理,降低成本,提高效益。将施工进度与 BIM 模型结合,优化工程进度,可视化跟踪并比较进度完成情况,如发生偏离及时调整施工计划或采取相应措施加快工期。通过施工阶段的 BIM 技术应用,可提前发现施工阶段中潜在的风险和问题,提高施工效率和质量,缩短施工周期,降低施工成本。

5.5.3　运维阶段

在环境及空间监测方面,通过 BIM 技术与环境监测系统集成,实时监控手术部的温度、湿度、空气质量等参数。建立基于 BIM 模型的安全疏散模拟,优化疏散路径,提高应急响应能力(图 5-3)。通过 BIM 技术的设备可视化搜索、展示、定位和监控,可大幅度提高设备查询的效率、定位准确程度以及应急响应速度。

在设备全生命周期管理方面,基于 BIM 技术及 RFID、二维码、室内定位等技术,实现手术部资产的快速查询、定位与维护,以及设备设施的运行监控、故障报警、应急维修辅助,基于 BIM 技术的拓扑结构查询,可查找、定位、显示甚至控制上下游设备,辅助分析故障源以及设备停机的影响范围;通过设备模型信息与实时监控数据的对接,按楼层、设备、点位和使用空间进行设备的分类及分组显示;根据不同设备特点和需求,设置报警阈值(或动态阈值)及异常事件触发后的可视化展示。

在能源管控方面,利用 BIM 技术集合能耗计量系统,生成手术部楼层、房间、诊疗业务量和气象特征等分类的能耗数据,实现能耗监控、分析和预警,包括远程实时监控以及预警的可视化展示、定位和警示提醒等;基于能源使用历史情况的统计分析,自动根据建筑环境和外部气候条件调整运行方案;根据能耗历史数据,预测未来一定时间内的能耗使用趋势,合理安排设备能源使用计划;形成能耗分析报告,进行标杆分析,降低能耗及运维成本,打造智慧绿色医院。

当手术部需要进行空间改造时,可利用 BIM 模型进行改造方案的模拟与评估,由此形成手术部各种信息与 BIM 模型集成的数据支持,为手术部运营决策提供依据,以提高手术部的建设质量、运营效率及服务水平。

6

智慧手术部运行管理

6.1　日常使用管理

6.2　维护与升级

智慧手术部投入使用后,有序的使用管理与必要的维护升级,能够确保智慧手术部高效、安全地运行。本章详细介绍了智慧手术部日常使用的流程细节,涵盖了医护人员、信息设备维护人员与管理人员的操作权限、使用方法及注意事项;同时,对智慧手术部维护与升级策略进行了阐释,以保证较长一段时间内满足日常使用需求的同时能适应技术与政策等多方面的变化和发展。

6.1 日常使用管理

智慧手术部的日常使用主要面向手术部医护人员(手术医师、麻醉医师、护士和医护人员)、设备管理部门人员、后勤运维人员、医院管理人员以及信息管理人员,使用的功能平台主要包括围术期临床大数据中心、面向医护人员的智慧医疗平台、面向患者及家属的智慧服务平台、面向医院管理者的智慧管理平台四个部分。

6.1.1 手术医师使用

为手术医师提供手术富媒体电子病历平台,通过基于视觉算法、智能语音、机器学习等人工智能技术的手术室智慧一体化终端/机器人,实现对手术室设备的智能管理、人员的自动识别、手术病历及影像的智能记录、手术全流程的语音控制、围术期病历的智慧共享和常态化的远程协同,并以外科电子病历为核心,实现从手术核查、自动记录、病历上传、数据管理、手术回顾、病历编辑、图文报告到科研教学等围术期全流程闭环管理。

1. 使用权限

手术医师向信息管理部门申请智慧手术部使用权限,信息管理部门依据不同手术医师所承担职责分配账号和权限。

2. 日常使用

(1)手术信息查看。手术医师通过智慧手术部从医院信息平台自动同步信息,了解患者手术申请及手术室排班数据。

(2)麻醉实施前核查。手术医师在麻醉实施前通过手术室智慧一体化终端/机器人对患者进行核查,与麻醉医师、手术室护士三方共同核对确认患者身份、手术方式、手术部位及标识、麻醉方式等内容。

(3)手术风险评估。手术医师在手术开始前通过手术室智慧一体化终端/机器人查看患者病情概览,了解患者既往病史、过敏史、术前检验异常指标、手术重点和难点等。

(4)手术过程记录。手术医师在手术开始后通过手术室智慧一体化终端/机器人进行手术过程记录,记录患者信息、手术信息及相关的手术视频、术中照片,形成手术病历文件。

(5)术中共享。手术医师在手术过程中通过手术室智慧一体化终端/机器人查看腔镜、手术显微镜、监护仪等各类设备实时画面、病理科快速冰冻报告。

(6)术中协同。手术医师在手术过程中通过手术室智慧一体化终端/机器人进行画面共享,呼叫专家进行术中协同、远程手术指导及双向交流。

(7)术中谈话。手术医师在手术过程中通过手术室智慧一体化终端/机器人进行术野、标本画面共享,呼叫家属至谈话间进行远程谈话、知情同意签署、谈话过程记录。

(8)AI智能辅助。手术医师在手术过程中通过手术室智慧一体化终端/机器人进行AI智能辅助操作,识别手术开始自动记录、语音指令操作控制。

(9)手术结束。手术医师在手术结束后通过手术室智慧一体化终端/机器人自动上传手术富媒体电子病历至大数据中心。

(10)术后病历管理。手术医师在术后通过手术富媒体电子病历管理系统进行管理,在线回顾、裁剪、导出及生成手术图文报告、课件编辑制作。

(11)手术教学。手术医师可根据需要通过手术室智慧一体化终端/机器人进行画面共享,与会议室连通进行手术教学、学术交流。

3. 注意事项

(1)手术医师需要在手术日前通过HIS下达手术申请至智慧手术部安排,明确手术患者基本信息、病情、手术日期、手术方式、需准备的特殊器材及药品等物资、参与手术团队(包括术者、助手及学生),以便智慧手术部正常运行。

(2)手术医师需要在到达手术室后检查智慧手术部设备运行情况,确保不影响正常使用。

（3）手术医师需要在麻醉实施前到达手术室通过手术室智慧一体化终端/机器人开启三方核查，避免影响手术准点开台。

（4）手术医师需要在手术记录前仔细检查与手术室腔镜、手术显微镜、DSA、手术机器人等各类医疗影像设备是否接好，避免影响术中记录。

（5）手术医师需要在术中协同、远程谈话时确认已共享画面，需开启共享后专家办公室、谈话间才能看到。

（6）手术医师需要在使用智能辅助前确认已建立手术分类模型训练，以确保不影响功能使用，对于自定义语音指令需联系智慧手术部管理员进行配置添加。

（7）手术医师需要妥善保管自己智慧手术部账户信息，没有账户权限的人员需联系信息中心主管部门申请权限。

（8）手术医师如有带教学生远程示教需求，需要联系智慧手术部管理员授权，学生可在会议室远程学习。

6.1.2 麻醉医师使用

为麻醉医师提供麻醉临床信息系统，以麻醉临床数据管理为基础，从手术排班、术前访视、术中记录、远程监测、术后复苏、病案管理到统计查询等环节，实现围术期麻醉业务全流程闭环管理。

1. 使用权限

权限申请。麻醉医师向信息管理部门申请智慧手术部使用权限，信息管理部门依据不同麻醉医师所承担职责分配账号和权限。

2. 日常使用

（1）麻醉排班。麻醉医师在术前通过智慧手术部批量接收 HIS 下达的手术申请进行麻醉排班，明确对应手术的麻醉医师及相应麻醉方法。

（2）术前访视。麻醉医师在术前通过麻醉临床电子病历平台进行术前访视过程记录，生成术前访视单、患者知情同意书、手术风险评估单。

（3）手术开始前核查。麻醉医师在手术开始前通过手术室智慧一体化终端/机器人对患者进行核查，与外科医师、手术室护士三方共同核对确认患者身份、手术方式、手术部位及标识、麻醉方式等内容。

（4）术中记录。麻醉医师在术中通过麻醉临床电子病历平台进行麻醉术中记录,包括监护仪、麻醉机数据自动采集记录,填写麻醉过程中患者基本信息、麻醉药物的使用与剂量、监测数据、手术过程中的事件等,自动生成详细的麻醉记录单。

(5) 远程监测。麻醉医师在术中通过手术室智慧一体化终端/机器人进行术中远程监护,可在远端或手术间门口远程查看实时监护波形、全景画面。

(6) 术后复苏记录。麻醉医师在术后通过麻醉临床电子病历平台进行术后复苏过程记录,记录术后复苏过程麻醉用药情况、发生的事件以及患者的生命体征等信息,生成延续麻醉记录单的复苏记录单。

(7) 病案管理。麻醉医师在术后通过麻醉临床电子病历平台进行麻醉手术病案管理,可对围术期麻醉相关文书、病案信息进行校验、打印、上传、审核、回顾等流程化管理。

(8) 统计查询。麻醉医师在术后通过麻醉临床电子病历平台进行麻醉业务统计查询,包括工作量统计、手术明细查询、麻醉信息查询、取消手术查询、入PACU患者查询、首台手术查询等。

3. 注意事项

(1) 麻醉医师在麻醉实施前需检查与监护设备视频输出端口是否已正常连接,避免影响远程监护功能使用。

(2) 麻醉医师在麻醉实施前需检查与监护设备数据端口是否已正常连接,避免数据丢失。

(3) 麻醉医师需妥善保存自己的账户信息,无权限麻醉医师需联系信息中心主管部门获取账户权限。

6.1.3 手术室护士使用

为手术室护士提供护理临床信息系统,以手术护理管理为主线,从护理访视、患者核查、患者交接、安全核查、护理病历管理、进程管理到科室管理等节点,实现围术期护理业务全流程闭环管理。

1. 使用权限

权限申请。手术室护士向信息管理部门申请智慧手术部使用权限,信息管理部门依据不同护士所承担职责分配账号和权限。

2. 日常使用

（1）手术排班。手术室护士在术前通过智慧手术部批量接收 HIS 系统下达的手术申请进行手术安排，明确手术室、台次、器械护士、巡回护士等。

（2）护理访视。手术室护士在术前通过手术护理临床电子病历平台进行术前访视过程记录，生成术前访视单。

（3）患者入室核查。手术室护士在患者入室时通过手术护理临床电子病历平台进行患者核查，借助腕带扫描或物联网识别方式进行患者身份识别和确认。

（4）术中护理记录。手术室护士在术中通过手术护理临床电子病历平台进行术中护理记录，生成手术护理记录。

（5）术中器械清点记录。手术室护士在术中通过手术护理临床电子病历平台进行术中器械清点记录，借助扫码方式获取器械包信息，记录术中多次器械清点，生成到器械清点单。

（6）术中输血记录。手术室护士在术中通过手术护理临床电子病历平台进行术中输血记录，记录血袋码、ABO 血型、Rh(D)血型、血液类型、血量、单位等。

（7）病理标本申请。手术室护士在术中通过手术护理临床电子病历平台进行病理标本申请、记录，记录病理标本固定时间、记录病理标本送检人和送检时间、生成常规病理登记表。

（8）高值耗材使用记录。手术室护士在术中通过手术护理临床电子病历平台进行高值耗材术中使用登记，记录高值耗材使用信息。

（9）患者离室前核查。手术室护士在患者离室前通过手术护理临床电子病历平台对患者进行核查，与外科医师、麻醉医师三方共同核对确认患者身份、手术方式、手术部位及标识、麻醉方式等内容，生成三方核查单。

（10）护理统计。手术部护士在术后通过手术护理临床电子病历平台进行护理统计，包括工作量统计、手术室质量质控指标（手术安全核查正确率、手术部位标识核查正确率、手术标本处理正确率、手术过程中异物遗留发生率、术中电灼伤发生率、手术室护士锐器伤发生率、术中低温烫伤发生率等）。

3. 注意事项

（1）手术部护士需妥善保存自己的账户信息，没有账户权限的人员需要联系信息中心主管部门申请账户权限。

（2）手术部护士需定期检查配套平板电脑、个人数字助理（Personal Digital

Assistant，PDA)、扫码枪、鼠标键盘、条码打印机，碰到问题及时处理，及时充电，避免影响术中使用。

(3) 手术部护士手术开始前需要提前开启手术室各类医疗设备、智慧手术部设备，检查设备运行情况，避免影响术中使用。

6.1.4 手术部医护人员使用

1. 使用权限

手术室医护人员需提前确认已加入手术排班中，避免影响使用智慧手术部系统，如手术准入及物资领取、手术查询、术中谈话等场景。

2. 日常使用

(1) 手术准入。手术室医护人员需要在手术排班授权后通过智慧手术部进行刷卡、人脸识别等方式认证进入手术室。

(2) 手术衣鞋领取。手术室医护人员需在手术排班授权后通过智慧手术部进行刷卡、人脸识别等方式获取手术衣鞋。

(3) 衣鞋柜分配。手术室医护人员需在手术排班授权后通过智慧手术部进行刷卡、人脸识别等方式自动分配衣柜、鞋柜。

(4) 手术查询。手术室医护人员可通过刷卡、人脸识别方式快捷查询当日自己参与的手术位置及明日手术安排。

(5) 环境智能控制。手术室医护人员通过智慧手术部调控手术室空调、气体、照明等，对当日有手术排班的手术室自动运行，无手术安排自动进入节能模式。

(6) 术间门口智能控制。手术室医护人员可在术间门口查看当前手术间信息，如术间号、当前使用状态、正在进行手术等详细信息。

(7) 手术室环境状态查看和控制。手术室管理人员可在术间门口对手术室环境状态进行查看和控制，如照明、温湿度等。

(8) 手术室状态切换。手术室管理人员能够根据需要切换手术室状态，如正常、感染、放射、培养勿入等状态。

(9) 术中协同。手术室医护人员可通过智慧手术部呼叫专家办公室、病理科、血库、供应室进行音视频通话。

(10) 术中谈话。手术室医护人员可通过手术智能谈话系统呼叫家属谈话，进行画面共享、知情同意签署、谈话过程记录。

（11）手术调度。手术室管理人员通过手术公告系统实时了解所有手术室实时情况，可根据实际情况进行手术调度。

（12）手术衣鞋归还。手术室医护人员通过智慧手术部归还手术衣鞋后，衣鞋柜自动回收。

3. 注意事项

（1）手术医护人员需提前确认信息已加入手术排班，以免影响使用。

（2）手术医护人员对手术衣鞋尺码有特殊要求，需要提前告知手术室管理人员，对关联尺码进行调整。

（3）手术室管理人员需定期检查环境自动值机模式运行状态，对于急诊手术，需提前到达手术室确认环境运行状态。

（4）手术室医护人员通过智慧手术部使用术中协同时需开启画面共享，才能实现双向音视频交流。

（5）手术室医护人员通过智慧手术部使用手术智能谈话系统时需开启共享，家属才能看到共享内容。

6.1.5 医疗设备管理部门人员使用

1. 使用权限

医疗设备管理部门人员拥有设备管理权限，包括设备状态查询、设备信息查询统计。

2. 日常使用

（1）医疗设备管理。医疗设备管理部门人员通过智慧手术部对手术部医疗设备状态、使用记录进行查询，包括设备术中使用记录、设备信息查询、手术间设备使用情况统计。

（2）医疗设备管理部门人员通过智慧手术部对贵重医疗设备使用次数、维护维修记录、报修返回记录（报修人、责任人、日周月年汇总报表）进行查询。

3. 注意事项

（1）医疗设备管理部门人员需关注设备定期维护状态，设备运行状态是否影响数据输出，如腔镜、DSA、手术机器人、显微镜、监护仪等。

(2)医疗设备管理部门人员在进行医疗设备新版迭代是否支持协议控制,如无影灯、手术床等。

6.1.6 后勤运维人员使用

1. 使用权限

后勤运维人员拥有后勤系统运维管理权限,包括手术衣鞋清点、损耗统计等。

2. 日常使用

(1)手术衣鞋清点管理。后勤运维人员通过智慧更衣系统进行手术衣鞋自动清点,通过手持终端快速清点数量,做好核对、交接记录。

(2)手术衣鞋损耗统计。后勤运维人员通过智慧更衣系统进行手术衣鞋损耗统计,自动生成报表。

3. 注意事项

后勤主管部门需关注手术衣鞋损耗情况,以便及时协调厂家补充带芯片的手术衣、鞋。

6.1.7 医院管理人员使用

1. 使用权限

医院管理人员向信息管理部门申请智慧手术部使用权限,信息管理部门依据不同管理人员所承担职责分配账号和权限。

2. 日常使用

(1)能源与环境管理。医院管理人员通过智慧手术部进行能源与环境管理,包括手术室空调、气体、照明等,查看统计运行状态、运行报表、能耗使用情况。

(2)毒麻药品管理。医院管理人员通过智慧手术部进行毒麻药品管理,实现存取、调配、盘点、追溯全流程闭环管理。

(3)高值耗材管理。医院管理人员通过智慧手术部进行高值耗材管理,实现存取、调配、盘点、追溯全流程闭环管理。

(4)医疗设备管理。医院管理人员通过智慧手术部进行医疗设备管理,具备设备实时定位、设备查询、设备轨迹追溯、预警管理、能效监测、状态监测、能效分析和一键盘点等功能。

(5) 医疗质量管理。医院管理人员通过智慧手术部进行患者安全管理,通过患者定位标签对患者目的地手术间进行核对,患者进入错误的准备间或手术间时,通过工勤人员管理 App 和围术期消息管理 App 进行告警提示;通过智慧手术部进行人员管理,通过物联网技术实现手术准入、行为监测、人员移动轨迹实时显示可视化管理;通过智慧手术部进行工勤人员管理,依据手术中/后所需要做的派单工作进行统计;通过智慧手术部进行手卫生管理,通过 AI 视觉技术自动监测七步洗手动作,自动评判打分,实现手卫生依从率管理;通过智慧手术部进行术中器械使用追溯,追溯器械清点的整个流程记录。

(6) 运营管理。医院管理人员通过智慧手术部进行手术部智慧运营管理,从临床手术、物资、人员、环境及管理,查看外科手术病例量、使用率、开台率、工作量、物资使用情况、人员行为评估、环境运行等数据,提供不同的管理数据统计视图,帮助管理者便捷了解手术部运营情况;通过智慧手术部进行手术部可视化管理,借助手术部驾驶舱从手术总量、手术进程、手术等级、ASA 分级、麻醉方法、不良事件、重要手术、位置及状态多维度管理;通过智慧手术部进行运营质量及效率管理,实时监测首台择期患者准点到达率、麻醉等待超时率、首台手术医生准点到岗率、首台手术准点开台率、手术换台间隔时间超时率、手术间利用率六大指标;通过智慧手术部进行药品、设备、物资及基础环境管理数据,如毒麻/普通药品入库量、使用量、库存量、报废量、毒麻药空安瓿量;高值/低值耗材入库量、使用量、库存量、报废量;医疗设备清单、设备运行状态、设备位置;环境设备清单、空调运行状态、气体运行状态;通过智慧手术部自动生成科室报表(ASA 分级统计、麻醉方式统计、麻醉质控统计),并支持图形化展示,报表导出和数据可视化。

3. 注意事项

医院管理人员账户权限可以查看导出各类业务指标数据,因此需重点保存自己的账户信息,如遗失账户信息,需尽快联系信息中心主管部门处理。

6.1.8 信息管理部门人员使用

1. 使用权限

信息管理部门人员拥有管理员权限,权限包括用户账户的开通、角色配置、权限配置以及后台运维等一系列权限。

2. 日常使用

（1）数据中心管理。信息管理部门人员通过智慧手术部进行围术期临床数据监测，查看数据中心运行状态、手术病历增量情况等；通过智慧手术部进行手术富媒体病历数据监测，监测手术量、当前剩余存储及数据量增长情况；通过智慧手术部进行云视讯服务监测，监测管理手术室直播手术及网络资源占用情况。

（2）权限管理。信息管理部门人员通过智慧手术部进行用户角色管理，定义不同用户所属角色，并依据角色进行管理；通过智慧手术部进行权限管理，依据不同角色设定相应权限，用户所有功能将与角色权限相关联。通过智慧手术部进行账户安全管理和权限管理，按照手术医师、麻醉医师、手术室护士、管理者等不同角色权限分级管理用户账户。

（3）服务器设备管理。信息管理部门人员通过智慧手术部进行运行性能监控与优化，实时监测系统运行状态、运行情况。

3. 注意事项

（1）信息管理部门需安排专人对围术期临床数据库进行维护、备份。

（2）信息管理部门人员需定期监测手术富媒体病历数据量增速，必要时及时干涉。

（3）信息管理部门人员需要及时维护流动人员账户权限，可设定时效期后自动禁用。

6.2 维护与升级

6.2.1 维护制度

智慧手术部维护核心任务是保证智慧手术部的正常运行，及时发现和处理系统运行中出现的问题。为规范智慧手术部维护工作，确保系统的安全可靠运行，使系统更好地服务于手术部运行和管理，需编制维护制度。

智慧手术部维护工作包括系统机房设备维护、基础设施设备维护、硬件设备平台维护、配套网络维护、应用软件维护、基础软件维护六部分。

（1）机房设备指保证智慧手术部正常运行的相关服务端硬件及存储设备。

（2）基础设施设备指手术室照明、净化暖通空调、医气、水、电相关设备系统。

（3）硬件设备平台指运行手术部区域的所有智慧手术部相关硬件设备。

（4）配套网络指保证智慧手术部系统相互通信和正常运行的网络设备，包括交换机、路由器、防火墙等网络设备及光纤网络线路等。

（5）应用软件指智慧手术部管理平台建设配套相关软件，包括医疗平台、服务平台、管理平台相关软件。

（6）基础软件指运行于设备上的操作系统、数据库软件等公共软件。

系统维护工作遵循统一领导、分工管理和维护的基本模式。由信息管理部门、后勤服务部门、手术室使用部门委派专人进行维护，并由信息管理部门牵头组织智慧手术部维护管理工作。相关维护人员应具备专业技术能力，承担相应的责任。相关维护职责如下。

（1）后勤服务部门负责基础设施设备维护工作。

（2）信息管理部门负责机房设备及配套网络、应用软件、基础软件维护工作。

（3）手术室使用部门负责硬件设备平台日常维护工作。

信息主管部门牵头手术室使用部门、后勤服务部门组织制订维护计划，保证每年至少一次对智慧手术部相关机房设备、基础设施、硬件设备平台、配套网络、应用软件、基础软件进行一次全面检查。具体实施如下。

（1）制订技术检查计划，列出检查重点、内容、要求，形成固定检查表格。

（2）收集系统运行故障和隐患。根据年度检查重点、内容，调查近期运行情况，统计出各类运行故障。对反馈的问题进行分析、评估，做好相应技术准备。对一些需要厂家解决的问题列出清单，及时与厂家沟通，制订解决方案，以供检查过程中实施、解决。

（3）检查完毕后应对本次检查填写详细记录和问题汇总。

信息管理部门应制订备份计划，定期备份系统数据，确保系统数据的安全性和完整性并掌握系统数据的恢复方法和工具；同时设立有效的权限控制机制，限制用户访问权限，防止未授权的操作和数据漏洞。

当系统出现故障时，信息管理部门应在第一时间对事件进行处理，并与手术室使用部门保持沟通，对于故障问题比较严重影响使用，在解决故障期间应给手术室使用部门进行通知,提前做好应急工作。

当系统出现故障而无法进行本地解决的,信息管理部门应在应向主管领导和手术室使用部门进行申告故障。对无法解决的故障,立即向厂家提出技术支持,督促厂商安排技术支持,必要时进行跟踪处理,与厂家一起到现场进行解决。

厂家技术人员现场处理故障时,相关系统维护人员应全程陪同并积极协助,并在故障解决后进行书面确认。

故障解决后,相关系统维护人员应对故障产生原因、解决方案填写详细记录,对以后如果出现类似问题有参考方案。

6.2.2 系统维护

智慧手术部正常可靠运行离不开各个专业的系统维护,具体包括以下四个方面。

1. 后勤服务部门维护

后勤运维人员负责手术室照明、净化暖通空调、医气、水、电相关设备运行及设施日常维护、保养工作。

2. 手术室使用部门维护

手术室设备管理人员负责手术室智慧手术部设备维护和保养工作,确保其正常运行,对于出现故障的设备进行记录并及时申报处理。

3. 信息管理部门维护

信息管理部门的运维人员负责监控和管理智慧手术部设备运行状态、网络安全监测,确保设备稳定运行,解决设备故障和故障排除,对于无法处理的设备故障及时联系厂商进行维修处理。

信息管理部门的运维人员负责智慧手术部操作系统、数据库、应用软件维护优化及相关业务数据维护、定期备份工作。

4. 供应商维护

供应商家建立专业维护团队,按照合同约定定期巡检,检查系统运行状态和修复系统的错误,提前发现并修复潜在的问题和风险,预防故障的发生;对于智慧手术部故障,需要建立快速反应机制,及时排查故障原因,并采取有效措施修复,使系统恢复正常。

6.2.3 系统升级

系统升级的原因主要包括医疗政策变化、技术进步、业务需求变化、维持稳定运行必要性升级、解决系统缺陷、增加新功能、提升安全性能和优化用户体验等。

1. 医疗政策变化带来的升级

为满足医疗政策要求，对智慧手术部进行必要的调整和升级，使系统能够适应新的医疗政策要求。

2. 适应技术重大进步带来的升级

对适应技术重大进步进行升级，升级后新技术可以更好地提升智慧手术部设备运行性能和使用效果。

3. 应对业务需求变化的升级

在手术部业务需求发生变化时，对智慧手术部系统进行调整和升级，增加新功能或调整现有功能，能够使智慧手术部的功能更加贴近用户的业务需求。

4. 维持稳定运行的必要性升级

系统长期运行导致性能降低，由于业务数据量不断增加、中间件配置不当、原设定策略不合理会影响系统整体性能和响应速度，需要在原有硬件配置基础上升级最新系统，通过系统升级提升性能，带来更好的优化效果和用户体验。

5. 解决系统缺陷带来的升级

系统升级可以解决已经存在的缺陷，如系统卡顿、应用闪退、某些功能无法正常使用等问题，确保系统的稳定性和可用性。

6. 提升安全性能带来的升级

随着技术的发展，新的系统版本通常会包含更多的安全功能，升级系统以提升系统的整体安全性。

7. 优化用户体验带来的升级

新的系统版本包括用户界面设计改进、系统性能优化，通过系统升级后可以提升用户的整体使用体验。

另外，还需要按照国家信息安全等级保护制度，对智慧手术部系统进行调整，以满足相应的安全保护等级要求，确保信息安全。

未来展望

7.1　人工智能和机器学习的广泛应用

7.2　远程医疗与增强现实技术的融合应用

7.3　生成式人工智能的多元应用

7.4　以患者为中心的个性化医疗

7.5　元宇宙技术的多元应用

7.6　数字孪生技术的应用

7.7　认知模拟在手术培训中的应用

7.8　非技术技能与以人为本的理念

7.9　数据安全与患者隐私保护

7.10　医疗设施的互联化与智慧医院建设

7.1 人工智能和机器学习的广泛应用

AI 和机器学习(Machine Learning,ML)技术正在迅速改变智慧手术部的发展方向,并将成为未来智能手术的核心驱动力。目前,AI 已广泛应用于手术决策、图像识别、手术规划等多个方面。随着 AI 和 ML 技术的进一步发展,未来手术将更加依赖这些技术进行个性化优化。例如,基于实时数据的预测分析将成为手术过程中的常规手段,AI 可以提供个性化的手术建议,帮助医生监控手术团队的操作,识别潜在风险并迅速纠正错误,从而进一步提升手术的成功率和患者的安全性。哈佛医学院已经将 AI 纳入课程,以培养新一代医生。

手术室管理领域也正在经历由 AI 和 ML 推动的变革。从患者人口统计数据到手术历史、麻醉方案以及术后恢复监测,大量的医疗数据蕴含着尚未被充分利用的潜力。通过机器学习,手术室可以实现更加智慧化的管理。例如,AI 可以预测手术的时长、优化手术室的排程,甚至在麻醉后护理单元资源分配和手术取消的检测方面发挥重要作用。机器学习算法如 XGBoost、随机森林和神经网络已经展示了其在提高预测准确性和优化资源分配上的强大能力。

7.2 远程医疗与增强现实技术的融合应用

远程医疗与增强现实技术(AR)的融合应用是智慧手术部发展的重要趋势。通过高清摄像设备和实时视频流,手术过程可以传送到世界各地,供专家实时指导或医生学术观摩。这使得经验丰富的外科医生能够远程参与和指导其他地点的手术,从而提高手术效率并减少错误发生的概率。随着 AR 和 VR 技术的普及,未来的远程医疗将实现更无缝的连接,医生不仅可以远程参与手术,还能通过遥控设备进行手术操作。5G 网络的普及将进一步降低远程医疗的延迟，提升手术的实时性和安全性。

  同时，医生可以基于患者的医学影像数据构建高度仿真的数字孪生体，并在虚拟环境中直观观察手术部位的三维模型。通过模拟不同的手术方案，医生能够更好地预测手术风险并制订精准、个性化的手术计划。在手术过程中，AR 提供实时三维导航，将患者术前影像数据叠加到实际手术视野中，使医生能够直观地看到病灶部位与周围组织的空间关系，从而更准确地定位病灶和操作路径，提升手术的精确性和安全性。此外，AR 和视觉识别技术的结合可以为手术提供实时反馈和智能预警，帮助医生及时纠正操作中的偏差，减少手术误差和并发症的发生。例如，当手术器械接近关键血管或神经时，系统能够自动发出警告信号，确保手术的安全性。这些技术显著降低了人为操作失误，提高了整体医疗质量。视觉识别技术还可以自动记录手术过程中的所有操作数据，包括患者信息和手术步骤。结合区块链技术，这些数据能够以加密方式安全存储和传输，保障数据隐私和不可篡改性，从而确保医疗数据的真实性和可追溯性。

7.3 生成式人工智能的多元应用

  未来，生成式人工智能（Gen AI）在医疗保健领域的应用将呈现出多元化趋势。在简化行政负担方面，通过训练模型自动执行文档处理、编码和索赔提交等任务，医疗专业人员能够减轻繁重的行政工作，从而将更多精力投入患者护理中。研究表明，这些自动化任务有望将医疗专业人员处理行政事务的时间减少高达 50%，显著提升工作效率。

  在优化资源分配和调度方面，Gen AI 可以通过创建优化的调度系统，最大限度地减少患者的等待时间，提高资源的利用率。例如，在医院的影像部门，Gen AI 调度系统能够平衡患者需求与资源可用性，有效缩短 MRI 等检查的等待时间，从而提高整体效率。

  此外，Gen AI 在简化供应链和库存管理方面也展现出巨大的潜力。通过利用计算机视觉和视频监控技术，Gen AI 模型能够实时分析储藏室和供应区的视觉数据，检测潜在的缺货或库存过剩情况，并识别异常情况。这种增强的库存监控能力将显著提高运营效率，防止浪费和短缺，为医疗系统节省大量成本。尤其在儿科病房、手术部等关键领域，Gen AI 库存管理系统能够确保关键库存的稳定供应，避免库存过剩或过期的问题。

7.4 以患者为中心的个性化医疗

大数据技术在智能手术部中的应用能够帮助医生做出更准确的手术决策，并促进个性化医疗的发展。通过整合患者的历史数据、基因信息和术前检查数据，医生可以制订最适合每位患者的手术方案。例如，梅奥诊所利用患者的基因组数据和病历信息，提供个性化的肿瘤治疗方案，这不仅提升了治疗效果，还减少了术后并发症。

未来，个性化医疗将成为智慧手术部发展的重要方向之一。借助大数据和 AI 技术，医生可以在手术前对患者进行全面分析，从而提高手术成功率。随着基因组学和精准医学的发展，个性化医疗将为患者提供更具针对性的治疗方案，显著提高术后恢复效果。

7.5 元宇宙技术的多元应用

随着科技的飞速发展，元宇宙平台在医学领域的应用逐渐显现出其革命性潜力。首尔国立大学盆唐医院（SNUBH）所打造的智能手术部元宇宙平台就是一次创新尝试，它充分展现了虚拟与现实技术深度融合为医学带来的巨大变革。该平台不仅为外科医生提供了独特的远程手术培训机会，还通过高清图像引导手术和实时病理意见分享，显著提升了手术的精准度和诊疗效率。密歇根大学高级模拟、培训、研究和创新（MASTRI）中心设计并实现了一个原型情境感知外科培训（CAST）环境，CAST的目标是创建一个智能的普适计算环境，以加强外科学生、住院医生和专科医生的培训。

展望未来，元宇宙平台在医学领域的应用将不局限于上述功能。其巨大的潜力预示着更为广泛和多元化的应用场景。元宇宙平台有望发展成为一个综合性的医学平台，集成手术操作支持、高精度病理分析以及无缝的远程协作等多项功能。通过技术的不断创新和优化，该类平台将能够应对更为复杂和精细的手术需求，实现更高效的远程医疗合作。

7.6 数字孪生技术的应用

作为一种虚拟与现实的桥梁，数字孪生通过创建手术室及患者器官的高精度数字模型，能够显著提升手术的精确性与效率。随着数字孪生技术的不断成熟，预计到2030年，全球医疗保健领域的数字孪生市场将以每年超过25%的速度增长，推动医疗系统从实体产品模拟逐渐扩展到流程优化和系统管理。

数字孪生能够为外科医生提供如"GPS"一般的精准导航工具。通过虚拟现实中的器官复制品，外科医生可以在手术前、手术中以及手术后利用该技术制订更精确的手术策略。例如，利用三维模型代替传统的二维影像，外科医生可以提前设计手术路线图，明确复杂的解剖结构，降低手术中误差的风险，特别是在骨科和肝脏等复杂软组织手术中，这种精度提升将显著提高手术成功率，并减少术后并发症和复发的几率。

数字孪生还将成为手术部流程管理和优化的核心工具。其通过数据收集、模拟、分析和建议，为医疗团队提供实时的流程透明度，并帮助识别手术中的变异性和不一致性。这种技术不仅可以减少在手术室内的反复试验，还能通过虚拟模拟评估新技术的影响，为医疗团队提供决策依据，并在持续改进中推动手术质量的提升。

未来,智慧手术部的数字孪生技术将进一步汇集大量实时数据,动态反映手术室的状态,预测潜在问题并主动提出调整建议。这种技术的普及有望显著提高手术部的运营效率,减少资源浪费,并降低医疗成本。同时,数字孪生技术还将推动医院整体运营的智能化,使医院在人员、设备和流程的协调中更加高效,并能通过实时监测提升医疗服务的质量。

7.7 认知模拟在手术培训中的应用

随着新的外科技术和技巧的出现,患者常常在想要利用最新的治疗方案以及想要确保外科医生经过培训并已经达到必要的水平之间犹豫不决。同时,外科教育者对是否强制要求使用模拟器来培训外科医生也非常谨慎,主要是缺乏强有力的科学证据来支持使用医学模拟进行技能培训,也缺乏如何有效地将模拟器应用于外科技能培训的知识和平台。但是,使用模拟器进行资格认证和能力评估正成为提高患者安全性的一种重要手段。

鉴于认知模拟器的发展对培训和患者安全的影响,美国马里兰大学 UM ORF 模拟团队创建了一个"马里兰虚拟患者"(MVP)原型。这种多变量认知模拟具有成长、改变和体验生物功能的能力,让受训者能够体验与模拟患者的真实互动。MVP 目前可用作临床准确且计算可处理的人体生理模型(包括正常和病理),可模拟六到八种胃肠道疾病,其详细程度足以满足医学生培训的需求。使用 MVP,就像与真正的患者一样,受训者可以练习交流、安排测试、开具治疗方案和观察治疗结果。MVP 包含语言识别和文本生成组件以生成相关语句:可以理解用户的问题和语句,并决定向学生传达什么信息;可以随时以任何剂量接受各种治疗,无论是适当还是不适当,它都会像典型患者一样作出反应。使用 MVP 所代表的动态模拟类型的潜在好处是改善临床决策、为培训临床医生提供逼真的体验以及为患者提供训练有素的护理提供者。

模拟越来越被广泛接受,用于认证手术技能、提供基于标准的安全关键技能认证以及通过实践认知技能提供提高临床判断的机会。预计未来的临床医生将在训练和真实模拟中获得经验,而不是在动物、尸体和真实患者身上。由于模拟忠实地再现了各种临床挑战,外科医生熟悉多种患者特定问题的可能性将会增加。

7.8 非技术技能与以人为本的理念

尽管智能技术在手术部内正扮演着越来越重要的角色,但手术团队的非技术技能,如有效沟通和紧密协作,依然占据着举足轻重的地位。同时,以人为本的理念始终贯穿于手术的每一个环节,成为提升患者体验与保障手术成功的重要因素。以香港的智慧手术部为例,以人为本的理念贯穿整个手术流程,充分体现了对患者需求的关注与尊重。手术部内配备的虚拟现实指南使患者及其家属能够提前体验模拟手术环境,有效缓解术前焦虑。而智能机器人则通过提供手术信息和游戏等互动形式,减轻患者的术前压力。此外,人体工程学的应用对于手术室操作的分析和改进也大有帮助,包括场所和空间布局设计优化等,这有助于降低感染风险、加快手术进程并减少外科医生和工作人员的疲劳程度,并进一步减少不良事件以及提高患者安全性。

未来的智慧手术部发展需要实现技术进步与团队非技术技能的同步提升,并深化以人为本的理念。通过模拟培训、虚拟现实技术和远程指导等现代化教学手段,手术团队可以不断提升沟通与协作方面的能力,确保整个手术过程的顺畅与安全。运用前沿的医疗技术与智能系统为每位患者量身定制个性化的手术方案,实现精准医疗。在注重技术提升的同时,也要高度重视人文关怀,致力于营造温馨舒适的环境,以减轻患者与医护人员的压力。通过提供心理安抚等措施增强患者手术前后的心理韧性,使其更加积极地面对手术治疗。通过将智能技术与以人为本的医疗服务有机结合,未来的智慧手术部将不仅提升手术的技术水平,还将显著改善患者的整体体验。

7.9 数据安全与患者隐私保护

随着智慧手术部的数据化和互联化,数据安全和患者隐私的保护变得愈加重要。智慧手术部涉及大量敏感信息,包括患者健康数据、手术记录和实时视频流等。为保障数据安全,区块链等技术将逐渐被引入,以确保数据传输的稳定性和安全性。同时,国家将进一步完善相关法律法规,确保医疗数据的保密性、合规性以及传输的可控性。医院需要建立完善的数据管理和加密机制,以防止数据泄露和滥用。

7.10 医疗设施的互联化与智慧医院建设

未来,医疗设施的互联化与智慧医院的建设将成为推动智慧手术部发展的核心环节。在这一趋势下,医院的各个部门与设备将通过智能基础设施实现全面互联,构建一个高度协同的智能化医疗生态系统。智慧手术部作为智慧医院的关键组成部分,将与门诊、住院部、急诊科等多个部门实现无缝对接,推动医疗流程的全面优化。得益于医院内各个系统之间的互联互通,患者的诊疗体验将大幅提升。通过智慧系统,医生可以实时获取患者的全方位健康信息,从而为手术方案的制订提供更精准的数据支持。与此同时,手术部与其他医疗部门的互联将实现更高效的资源调度与协调。例如,医院管理人员可以通过智慧库存管理和资源分配系统,优化手术室的利用率,确保医疗资源的精准分配,从而减少等待时间并提高整体效率。

附录一 缩写对照表

缩写	英文全称	中文全称
AI	Artificial Intelligence	人工智能
APC	Advanced Process Control	先进过程控制
ASA	American Society of Anesthesiologists	美国麻醉医师协会
AICU	Anesthesia Intensive Care Unit	麻醉重症监护病房
BIM	Building Information Modeling	建筑信息模型
CIS	Clinical Information System	临床信息系统
DICOM	Digital Imaging and Communications in Medicine	医学数字成像和通信
DSA	Digital Subtraction Angiography	数字血管造影机
EMR	Electronic Medical Record	电子病历
HIS	Hospital Information System	医院信息系统
HL7	Health Level 7	标准协议
HRP	Hospital Resource Planning	医院资源管理系统
IC	Integrated Circuit	员工芯片
ID	Identity Document	身份标识号
IoT	Internet of Things	物联网
IVUS	Intravascular Ultrasound	血管内超声
LIS	Laboratory Information System	实验室信息系统
MDT	Tultidisciplinary Team	多学科联合会诊
ML	Machine Learning	机器学习
NFC	Near Field Communication	近场通信
OCT	Optical Coherence Tomography	光学相干断层扫描技术

（续表）

缩写	英文全称	中文全称
PACS	Picture Archiving and Communication System	医学影像归档和通信系统
PACU	Postanesthesia Care Unit	麻醉后监测治疗室
PDA	Personal Digital Assistant	个人数字助理
PIS	Pathology Information System	病理信息系统
RFID	Radio Frequency Identification	无线射频识别
RIS	Radiology Information System	放射科信息系统
RTO	Regenerative Thermal Oxidizers	蓄热式燃烧法
SPD	Supply，Processing，Distribution	供应，加工，配送
UDI	Unique Device Identification	医疗器械唯一标识
5G	5th Generation Mobile Communication Technology	第五代移动通信技术

附录二　智慧手术部典型案例

为了更好地展示智慧手术部建设探索的实践成果，为读者提供直接的经验借鉴，本书编写组从全国范围内挑选了9个智慧手术部建设的典型案例，覆盖华北、华东、华中、华南及西南地区多个地区，重点剖析了案例医院智慧手术部的典型场景功能与系统平台，如附录二表1所示。编写小组仅选取了案例医院具有代表性的典型场景功能进行展示，不代表案例医院的全部建设成果。

附录二表1　案例医院选取展示的典型场景功能

案例医院	医护入口	换鞋区	更衣区	手术室谈话间	手术室	精麻药品库房	高值耗材室	医疗设备间	洁净走廊	护士站	示教会议室	家属等候区	管理中心	其他功能
苏州大学附属第一医院	√	√	√	√	√	—	—	—	—	—	—	—	√	√
北京大学第一医院（大兴院区）	—	—	—	—	√	—	√	√	—	—	√	√	—	√
上海交通大学医学院附属仁济医院	√	√	√	—	—	—	—	—	—	—	—	—	—	—
上海市第六人民医院	—	—	—	—	—	—	√	—	—	—	—	—	—	√
浙江大学医学院附属第一医院余杭院区	—	√	√	—	√	—	—	—	—	—	—	—	—	—
武汉市硚口区人民医院	—	√	√	—	—	—	—	—	√	√	—	—	—	—
南方医院惠侨医疗中心	√	—	—	—	√	—	—	—	—	—	—	—	—	—
四川大学华西天府医院	—	—	—	—	√	—	—	—	—	—	—	—	—	—
厦门大学附属心血管病医院	—	—	—	—	√	—	—	√	—	—	—	—	—	√

案例 A　苏州大学附属第一医院

苏州大学附属第一医院是国家卫健委首批三级甲等医院和江苏省卫健委直属重点医院,是苏南地区医疗、急救指导中心、江苏省区域医疗中心、江苏省高水平医院、研究型医院和高质量发展省级试点医院。其前身为创立于1883年(清光绪九年)的博习医院,目前建院历史已超过140年。

苏州大学附属第一医院二期智慧手术部项目秉持智慧、易用、闭环、安全的建设理念,围绕门急诊、介入、超声介入、中心手术部四个区域进行同步规划、整体采购、一体化施工,共计50间手术室,包括西区门急诊手术室5间、介入手术室13间(含2间DSA+CT复合手术室);东区超声介入手术室5间、中心手术室27间(含2间DSA+CT复合手术室),覆盖医护入口、洁净区走廊、手术间、值班室、护士站、监控室、换床区、苏醒室、谈话间、家属等候区、示教室及办公区域等手术部全智慧场景。

项目以国家智慧医院高质量发展建设要求为核心目标,基于AI、大数据、云视讯、5G及IoT等新一代信息技术,打通围术期全业务数据通路、全场景资源协同、全流程闭环管理建成围术期临床大数据中心、智慧医疗平台、智慧服务平台、智慧管理平台。

典型场景功能

苏州大学附属第一医院二期智慧手术部项目以国家智慧医院高质量发展建设要求为核心目标,基于AI、大数据、云视讯、5G及物联网等新一代信息技术,创新实现手术部智慧医疗、智慧服务及智慧管理三大创新平台。具体应用亮点及场景如下(附录二图1—附录二图6)。

场景1:医护入口

(1) 技术应用:手术智能准入。

(2) 功能亮点:打通医疗网业务数据、安防网门禁权限,结合手术排班实现人员精准管控。

附录二　智慧手术部典型案例

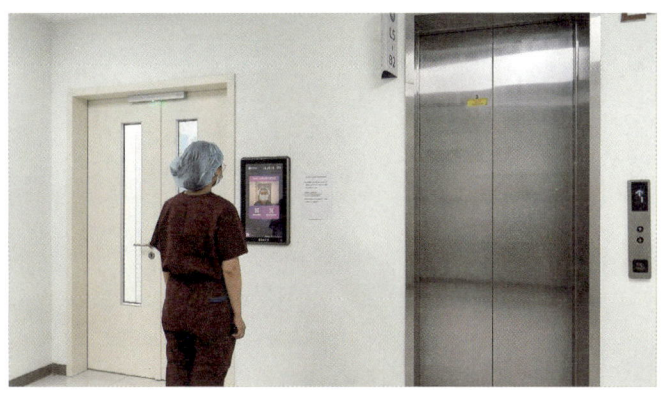

附录二图 1　医护入口

附录二图 2　换鞋区/更衣区

附录二图 3　手术谈话间

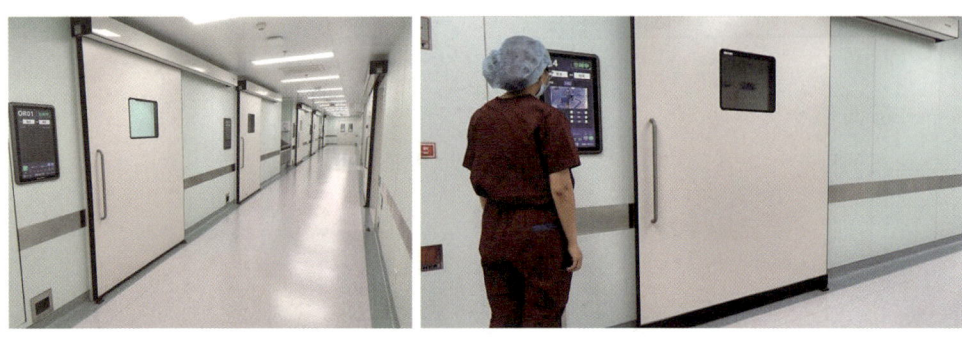

附录二图 4　手术室门口

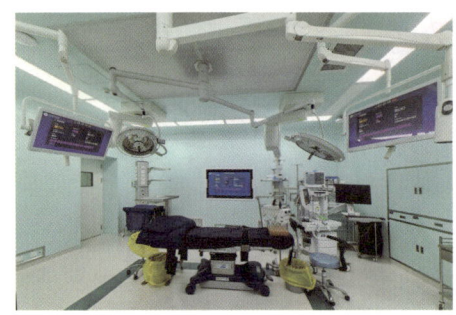

附录二图 5　智慧手术室

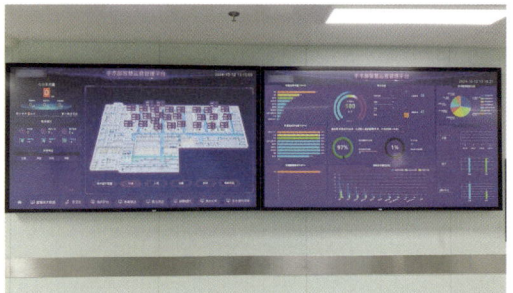

附录二图 6　智慧驾驶舱

（3）主要技术：人脸识别、NFC、RFID、网络安全与加密技术。

场景 2：换鞋区/更衣区

（1）技术应用：手术衣、鞋智能化管理。

（2）功能亮点：人脸、NFC、指纹识别等多种身份识别，43 寸大尺寸可视化人机交互终端。

（3）主要技术：人脸识别、NFC、RFID、自动化控制技术。

场景 3：手术谈话室

（1）技术应用：手术智能谈话。

（2）功能亮点：支持本地和远程两种谈话模式，可一键接通谈话间，实现标本画面共享，谈话过程全程可记录。

（3）主要技术：云视讯技术。

场景 4:手术室门口

(1) 技术应用:手术内外环境、手术信息一体化管理。

(2) 功能亮点:手术间状态、手术进程动态、手术室照明、空调温湿度、全景、监护仪等高度集成与控制。

(3) 主要技术:云视讯、通信控制技术。

场景 5:智慧手术室

(1) 技术应用:围术期临床大数据中心、手术间智慧医疗、服务及管理。

(2) 功能亮点:每间列装新一代手术助手机器人,以手术富媒体电子病历大数据建设为核心,全方位构建手术间"智慧大脑"。核心亮点功能如下。①智慧环境,取代传统情报面板,高度集成手术室空调、气体、照明及背景音乐等,以手术排班为指引,实现空调自控系统的自动值机,最大程度降低手术室能耗。②智慧安全,基于术前安全核查、手术风险摘要等手术业务节点安全要素,智能辅助患者术中安全。③智慧记录,基于 AI 视觉识别算法技术实现腔镜、显微镜、机器人及介入等微创手术影像的自动识别和记录,自动形成手术富媒体电子病历并上传围术期临床大数据中心。④智慧共享,高度集成手术医疗信息和设备影像,根据手术进程和医护人员需要,主动推送具有针对性的术中报告,方便医护快速决策。⑤智慧协同,基于云视讯技术搭建覆盖家属谈话间、病理科、血库、供应室及专家办公室等手术全场景联动协同平台,实现手术室内外的高效协同。⑥智慧科教,搭建医教研三位一体服务平台,一键开启教学模式。

(3) 主要技术:AI 视觉算法、语音控制、富媒体病历大数据、云视讯及通信控制技术。

场景 6:智慧驾驶舱

(1) 技术应用:手术部智慧运营和管理。

(2) 功能亮点:依托 2 台 85 寸交互式智慧大屏,全方位构建数字孪生智慧手术部。核心亮点功能如下。①驾驶舱,构建手术部 3D 运行地图,实现手术部可视化运营和管理。②运营监测,手术动态(择期、急诊、三四级手术等)、机电系统、医疗设备、医护患人员及物资等运行实时情况。③运营分析,首台患者到达率、首台外科医生准点到达率、首台开台率、换台超时率、手术间使用率等手术效率综合分析。

（3）主要技术：大数据、语音控制、云视讯及通信控制技术。

典型系统平台

围术期临床大数据中心

围术期临床大数据中心是患者围术期诊疗过程中产生的各种数据的结构化存储中心。包括以手术富媒体病历数据库为核心的手术富媒体电子病历大数据中心，以麻醉数据库为核心的麻醉电子病历大数据中心，以手术护理文书为核心的手术护理电子病历大数据中心。基于三大数据中心，采用大数据技术将不同数据源、具有不同格式和特性的数据整理、清洗并转换后建成一个统一的数据模型，构建围术期临床大数据中心，能够与智慧医院数据中心无缝对接。

智慧医疗平台

智慧医疗平台是智慧手术部的数据输出及医疗辅助平台，一方面，通过手术富媒体电子病历平台、麻醉专科电子病历平台及手术护理专科电子病历平台精准采集各类影像、信息、麻醉、护理数据为大数据中心提供数据基础；另一方面，在手术过程中通过三大电子病历平台及手术医疗协同平台为医护人员提供智能化辅助。对标医院智慧医疗，以手术电子病历为核心，结合医院其他信息系统，提升医疗服务质量和效率，辅助做出更加精准的诊疗决策。

案例B 北京大学第一医院（大兴院区）

北京大学第一医院是一所融医疗、教学、科研、预防、公共卫生为一体的大型三级甲等综合医院，也是引领临床科学研究和成果转化的全国高水平医院之一。医院传承"厚德尚道"的院训精神，以"做医疗卫生服务的水准原点"为愿景，始终将为人民健康服务作为医院建设发展的根本宗旨。

大兴院区作为北京大学第一医院入驻大兴区的三甲综合医院，既满足了高质量医疗服务的需求，又发挥了引领作用带动大兴区整体医疗水平提升。本次项目建设围绕急诊急救手术室、产科手术室、DSA、门诊手术室、中心手术部五个区域共

37间手术室,以手术室为中心,联动示教室、家属等候区、谈话间等协同区域,并基于物联网技术从手术医疗行为、药品、耗材、设备、物资等方面着手进行智慧化管理,打造了公立医院高质量发展的样板。

典型场景功能

具体应用亮点及场景如下(附录二图7、附录二图8)。

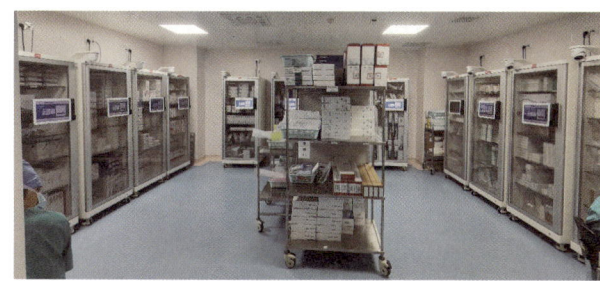
附录二图7　高值耗材库房

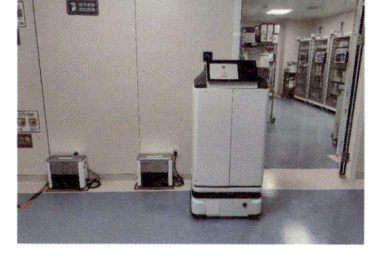
附录二图8　无菌库房

场景1:高值耗材库房

(1) 技术应用:耗材入库、领用、退回、移入、移出、盘点等自动计数,精准管理。

(2) 功能亮点:基于RFID,结合智能设备及系统的应用,与院内HIS系统信息对接,实时手术患者信息,人脸识别、指纹识别、IC卡多种方式身份认证,安全管理,RFID一物一码,自动记录业务数据(取、退、盘、补)实时库存。

(3) 主要技术:RFID、IoT、信息集成。

场景2:药品库房

(1) 技术应用:麻醉用药集中管控。

(2) 功能亮点:与HIS系统对接,麻醉用药取用关联患者,用药计费信息自动上传,设备自动导引药品所在位置,系统自动计算库存缺口,药剂库房自动统计补药信息,精准库存;近有效期及低库存预警提示,药品安全管理。

(3) 主要技术:RFID、IoT、信息集成。

场景3:手术室设备间

(1) 技术应用:手术室贵重设备精益管理。

(2) 功能亮点:通过台账进行医院资产入账、借出、归还、调拨、报废等信息化应用,同时提供地图定位、能耗分析、报警及一键盘点。

场景4:手术间、示教室、家属等候区

(1) 技术应用:手术影像支持、手术教学科研、流程管理。

(2) 功能亮点:实现影像流、数据流、手术流程全面优化,影音集成管理、空间合理构建,服务教学、科研、临床和学术会议,达到安全高效人文关怀的应用目的。

(3) 主要技术:IoT、信息集成、光纤传输、数字音视频转播。

场景5:无菌库房

(1) 技术应用:无菌物品转运递送。

(2) 功能亮点:医护人员可登录物流机器人管理系统建立发货单,机器人可在无人帮助下选择楼层搭载电梯,装载货物后送往目的地,到达目的地后自动卸货,并提醒相关人员接货。

(3) 主要技术:双激光＋高精度里程计＋三视觉融合定位导航、人机交互。

典型系统平台

数据集成平台

主要包含第三方业务集成平台、音视频集成处理平台、IoT物联网平台三个组成部分。

(1) 第三方业务集成平台包含企业信息集成平台与机器人流程自动化系统实现与院内信息化系统、物流系统进行对接及数据同步。

(2) 音视频集成处理平台主要用于在手术室中集成各种设备的音视频信息,支持远程示教、远程指导、家属谈话等音视频实时互动。

(3) IoT物联网平台主要负责基础设备接入服务,如设备状态、协议对接、OTA升级等设备基础管理功能。

全要素多模态数据仓库

集成了常用的医疗临床和运营管理数据模型,可通过数据集成平台进行原始数据的集成,为业务系统提供了原始数据来源,同时为智能数据平台提供了数据分析与挖掘的来源。

智能调度平台

基于流程引擎技术,支持业务产品进行业务流程编排,通过业务事件驱动跨产品业务联动协同调度。

数智化手术平台

数智化手术室平台根据医院信息化、数字化、智能化的要求以及手术室自身的需求特点,充分考虑到手术室工作流程,结合医院对智慧手术部的整体规划,以智慧医疗、智慧管理、智慧服务为总目标,在传统数字化手术室影像传输、转播示教基础上,以优化现有手术部业务流程、提高工作效率、改善医疗服务质量为核心指导思想,实现手术室围术期全要素(人员、设备、药品、耗材、手术过程、协同)的统一管理、统一调度、数据互通、协同工作,提高手术室的综合运营质量。

案例C 上海交通大学医学院附属仁济医院

上海交通大学医学院附属仁济医院(以下简称"仁济医院")建于1844年,是上海开埠后第一所西医医院。医院目前由东、西、南、北四个院区和上海市肿瘤研究所组成,是一个学科门类齐全,集医疗、教学、科研于一体的综合性三级甲等医院。

本次建设的仁济医院肝脏泌尿外科临床诊疗中心智慧手术部,共有27间手术室,其中四层15间(Ⅰ级3间+Ⅲ级12间,其中包括日间5间、正负压1间、DSA1间、普通5间、通用3间),五层12间(Ⅰ级9间+Ⅲ级3间,其中包括移植9间、复合1间、通用2间),全部经过了智慧化全生命周期建设。以国家智慧医院高质量发展建设要求为核心目标,通过借助信息化、智能化、数字化等手段,基于大数据、AI、5G及物联网等新技术,对整个手术期的所有数据进行收集、记录、归类分析供科学研究和追溯。基于医院已有的信息系统进行实施扩建,通过智慧化手术部全生命周期建设,改善目前手术部手工管理状态和解决信息孤岛问题,提高工作效率,借助信息化技术打造全新的"高质量"智慧手术部。并强化落实各项卫生医疗政策,全方位保障患者的生命健康,为医疗事业发展提供科学的决策数据。

典型场景功能

具体应用亮点及场景如下(附录二图9—附录二图11)。

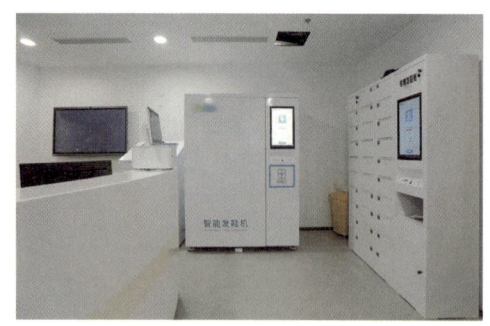
附录二图9　换鞋区

附录二图10　更衣区

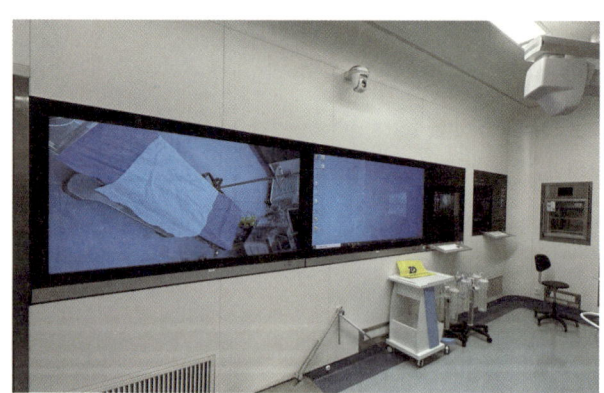
附录二图11　手术室

场景1：医护入口

（1）主要功能：通过员工卡、人脸识别或可视呼叫获得准入权限，进入手术部区域。

（2）功能亮点：准入权限与手术排班系统相结合。

（3）应用技术：人脸识别、RFID、网络安全技术。

场景2：换鞋区

（1）主要功能：通过员工卡、指纹或人脸识别进行身份认证发放相应尺码手术专用鞋。

(2) 功能亮点:消息通知、手术鞋低量预警、手术排班提醒。

(3) 应用技术:人脸识别、RFID、IoT、AC。

场景 3:更衣区

(1) 主要功能:通过员工卡、指纹或人脸识别进行身份认证发放相应号码手术衣。

(2) 功能亮点:消息通知、手术衣低量预警、手术排班提醒。

(3) 应用技术:人脸识别、RFID、IoT、自动化控制。

场景 4:手术室

(1) 主要功能:通过智慧化建设,提供安全、高效、完备的手术环境。

(2) 功能亮点:数字一体化手术室人机交互显示屏/工作站。

(3) 应用技术:人脸识别、RFID、5G/AI 技术、网络安全技术。

BIM 全过程应用

该项目采用了全过程 BIM 应用模式,以实现手术室的弹性空间利用,同时利用 BIM 模型进行手术室空间布局模拟、漫游和空间布局分析,解决了洁净区域和非洁净区域的综合管线冲突,并进行了优化。附录二图 12 所示为手术部医护流线 BIM 模拟。

附录二图 12　基于 BIM 的医护流线模拟分析

典型运营系统功能

(1) 围术期手术管理一体化平台。

(2) 手术管理相关部门信息系统的全面对接。

(3) 手术护理管理信息系统。

(4) 围术期业务管理系统。

(5) 手术室移动运营巡航(护士长端)。

(6) 围手术期移动巡航(医生端)。

(7) 精益手术室一体化交互系统。

(8) 手术设备管理系统(实现设备定位及能效管理)。

案例 D　上海市第六人民医院

上海市第六人民医院始创于 1904 年,其前身为上海西人隔离医院,是一家历经百余年积淀的大型三级甲等综合医院。2002 年成为上海交通大学附属医院,2021 年 2 月原上海市第六人民医院东院整建制正式并入上海市第六人民医院,开启了两院一体化高质量发展的新征程。目前,医院设有徐汇、临港两个院区;核定床位 2 366 张(批复床位 3 226 张),其中徐汇院区 1 766(批复床位 2 026 张)张、临港院区 600(批复床位 1 200 张)张;临床医技科室 52 个。近五年来,医院年门急诊量最高突破 500 万人次,年出院人次最高达到近 15 万人次,年住院手术最高超过 11 万人次。

2019 年 6 月 18 日,上海市第六人民医院国家骨科医学中心大楼开工,为骨科新一轮的发展提供硬件保障。新建项目总用地面积 1.35 万 m^2、总建筑面积 103 333 m^2,将原本分散于医院各处的骨科住院、手术、影像中心等功能都集中于此。骨科医学中心大楼的启用是上海市级医院建设事业发展的重要里程碑,也是中国骨科医学领域发展的重要节点。

本次建设除了贯穿全院的全钢制气动物流系统之外,还在位于四层、六层的手术部、九层的供应室安装了智能化的仓储系统,对手术部、供应室的无菌包、灭菌盒、耗材等物资进行存储、运送、管理与追溯。其中,手术室-供应室之间设置手供一体化仓储系统;手术室内部设水平回转仓储系统,结合智能机器人完成内部物资传送。

典型场景功能

具体应用亮点及场景如下(附录二图13—附录二图15)。

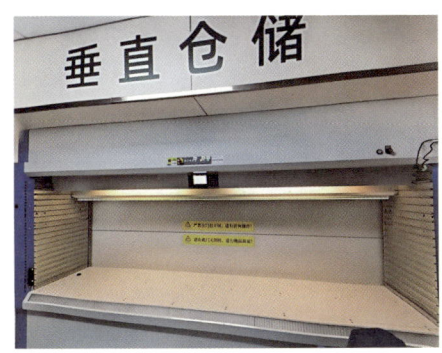

附录二图13　供应室提取口

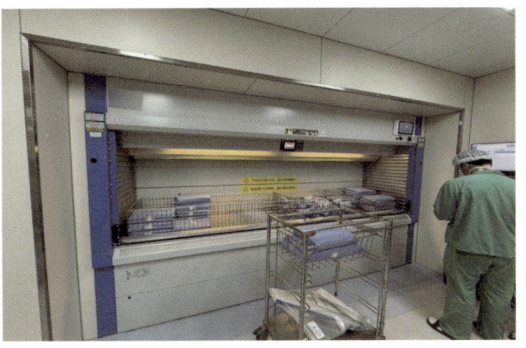

附录二图14　手术部提取口

附录二图15　二级耗材库

场景1:供应室提取口

(1)技术应用:储配运一体化——垂直提升系统。

(2)功能亮点:集中闭环存入与存储无菌包、敷料包、灭菌盒、工具箱等,与HIS、手麻、消供、财务、SPD等系统对接,实现供应室预配台,将单手术订单的物资集中配置,减少运输频次,节约医护资源;同时创造较大的存储空间,占地7.8 m^2,创造270 m^2左右的存储面积,存放环境符合要求,温湿度时时监测。

(3)主要技术:RFID、自动化控制、网络安全技术。

场景 2:手术部提取口。

(1) 技术应用:储配运一体化——垂直提升系统。

(2) 功能亮点:集中闭环提取与发放无菌包、敷料包、灭菌盒、工具箱等,与 HIS、手麻、消供、财务、SPD 等系统对接;实现手术物资快速集中提取,提高发放效率和人员操作的安全性。遵循"先进先出"原则,根据每种物资余量和余期数据设置独立的自动提醒程序。

(3) 主要技术:RFID、自动化控制、网络安全技术。

场景 3:二级耗材库。

(1) 技术应用:储配运一体化——水平回转系统。

(2) 功能亮点:单个物件拣取少于 15 s,两条系统同步连续拣取耗材;与 HIS、手麻、消供、财务、SPD 等系统对接,从传统"人找物"到系统"物找人",手术订单所有关联耗材自动发放至设备提取门,进行集中提取和发放。

(3) 主要技术:RFID、自动化控制、网络安全技术。

BIM 全过程应用

该项目采用了全过程 BIM 应用,在辅助智慧手术部建设与运行管理方面,主要是利用 BIM 进行手术室建成效果分析;模拟手术部三级医疗工艺,优化使用功能场景;通过 BIM 进行管线综合优化,辅助手术部进行机电安装,大大提高了手术室净高,确保满足医院手术使用需求;为后续智慧手术部运行提供数字模型支撑。

典型系统平台

智能仓储管理系统。这是一整套的手术部物资管理软件系统,可以驱动并控制手供一体化系统、水平回转仓储系统、垂直回转仓储系统,是专门针对手术部与相关科室无菌品管理的软件。包含手术配台、手术下单、手术结算;耗材出入库、无菌包出入库,自动盘库、效期管理、补库预警;操作日志、库存报表、物资码查询、计费统计等专项功能。

案例 E　浙江大学医学院附属第一医院余杭院区

浙江大学医学院附属第一医院前身是国立浙江大学医学院附属医院,成立于1947年11月1日,由时任浙江大学校长竺可桢教授亲手创建,首任院长为我国著名内科学、传染病学专家王季午教授,并于1999年正式更名为浙江大学医学院附属第一医院(又名"浙江省第一医院")。秉持"严谨求实"的精神内核,以综合实力雄厚、医疗质量过硬、学科特色鲜明享誉海内外。医院是首批"辅导类"国家医学中心创建单位、全国公立医院高质量发展试点单位、国家传染病医学中心、综合类别国家区域医疗中心牵头单位、建立健全现代医院管理制度试点医院。

浙大医学院附属第一医院余杭院区地处杭州未来科技城核心区域,总占地面积365.3亩。总部一期于2020年11月1日正式启用,占地面积202亩,建筑面积30.65万 m^2,核定床位1 200张。设置各类手术间35间,其中包括门急诊手术室1间、中心手术室34间(含7间DSA、复合手术室)。

典型场景功能

具体应用亮点及场景如下(附录二图16—附录二图18)。

附录二图16　换鞋区/更衣区

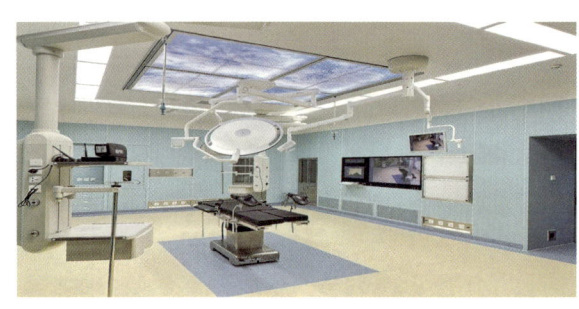
附录二图 17　手术室

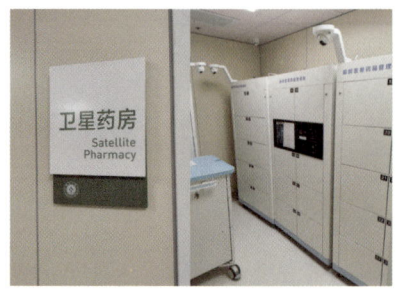
附录二图 18　二级药房

场景 1：换鞋区/更衣区

（1）技术应用：智能监控、无感行为管控、智能识别存取、全过程闭环管理。

（2）功能亮点：实现 24 h 无人值守，打造物品全过程可追溯管理，严格洁污分离的院感管控，快速领用和归还手术衣鞋的智能体验，手术准入人员的行为管理。

（3）主要技术：人脸识别、NFC、RFID、网络安全与加密技术。

场景 2：手术室

（1）技术应用：高清摄像、医用显示成像、光纤无压缩视频传输、视音频同步、5G。

（2）功能亮点：①通过手术室内多屏配置，可以将术野相机、监护仪、超声、内窥镜、PACS 影像等信息显示在任意显示屏。②通过无缝接入 PACS、EMR、LIS 等系统，实现手术电子阅片、医生随时调取患者诊疗数据，解决术者视角问题，集中控制术野相机、麻醉机、灯床塔等设备。③将手术过程的视频、影像和数据集中存储，实现手术过程可追溯，即可视化电子病历，编辑文件作为术后回访病理讨论的科研资料。④学术推广与继续教育在线化、移动化，3D 手术视频转播，继续教育直播课堂，具备向住院医生、医联体和基层单位直播专家教授的医疗讲座与手术过程，对本院医生科研、教学平台，以及医院市场影响力均能全面提升。⑤所有手术室资料统一管理，全院调用，为医院建立手术质量控制平台和安全培训等提供内容支撑。

（3）主要技术：IoT、自动化控制技术、灰度显示。

场景 3：二级药房

(1) 技术应用：智能监控、智能识别存取、全过程闭环管理。

(2) 功能亮点：①实现 24 h 无人值守的精麻药品领用，精确到支的信息化管理。②实现麻精药品单支管控以及麻精药品单支追溯闭环管理。③进行药品效期的信息化管理，可视化药品位置及存量查看，优先出近效期药品。④排程取药，直接点击手术编号或患者姓名系统可自动匹配手术所需相应药品或根据手术类型提供设置好相应的套餐。⑤搭建药品信息化管理平台，在后台电脑上实现各科室药品数据的信息化统一管理等。

(3) 主要技术：人脸识别、NFC、RFID、网络安全技术。

典型系统平台

围术期信息管理平台

(1) 围术期管理平台：术前准备、术中操作及术后恢复。

(2) 平台的主要优势：①提高医疗安全，通过该平台能够规范手术流程、解决患者诊疗信息的电子化记录问题，有效保障医疗安全。②优化医疗流程，通过该平台能提供流程化、信息化、自动化的临床业务综合管理，提高手术周转率和工作效率。③提升医疗服务质量，通过该平台不仅能够满足严格的医疗质量标准，还能够通过提供高质量的医疗服务，满足患者对医疗服务的期望和需求。④增强医院管理效率，通过该平台能有助于医院进行更精细化的管理，提高决策的科学性和准确性，从而增强医院的综合竞争力。

洁净室管理平台

洁净室管理平台(附录二图 19)是围绕医院洁净科室尤其是手术室的净化环境管控而设计的一套系统控制管理平台。整个平台通过物联网通信及信息集成技术，建立洁净室各临床科室的数据中心，实现对洁净室环境、安全、能源等方面指标的全方位管理，结合洁净室日常业务对人、物、环境、设备等进行实时智能监管，通过对各子系统数据信息整合，建立一体化的洁净室管理门户与领导驾驶舱，在业务侧和应用侧为客户提供数据分析和业务支撑，辅助院方相关决策。

附录二图 19　洁净室管理平台

案例 F　武汉市硚口区人民医院

武汉市硚口区人民医院(武汉同济汉江湾医院)为三级综合医院,是硚口区未来区域综合医疗服务配套重要设施、重大民生工程。医院地理位置优越,环境及公共设施完善。医院总建筑面积 15.53 万 m^2,其中地上建筑面积 10.32 万 m^2,包含门诊医技楼、住院楼、医研楼、区疾控中心楼;地下建筑面积 5.21 万 m^2,用于建设地下停车场及人防工程,拟设置床位 800 张,2024 年下半年正式投入使用,医院建成后将由华中科技大学同济医学院附属同济医院管理。

建设的智慧手术部位于门诊医技楼五层,设计面积约 2 562 m^2,净化面积约 1 860 m^2。共设 14 间手术室及相应辅房、走廊;其中Ⅰ级手术室 2 间,Ⅲ级手术室 12 间(1 间隔离手术室、1 间铅防护手术室、10 间Ⅲ级手术室),洁净走廊及其辅房设Ⅳ级净化、污物走廊及辅房设Ⅳ净化。

本项目以"整体化规划、继承式发展、创新性理念、智能化应用、平台化方案"为总体指导思想,建立满足信息收集、数据处理、系统整合、数据存储、音视频传输及应用的全维度、全过程、全数字化的智慧手术部。

典型场景功能

本项目面向智慧手术部的建设目标,实现了智慧手术管理平台、手术部数据中台、医护智能行为管理、4K高清数字化手术室、手术示教、手术会诊等系统建设,实现了大平台、小场景应用,典型应用场景如下(附录二图20—附录二图23)。

附录二图20 换鞋区/更衣区

附录二图21 洁净走廊

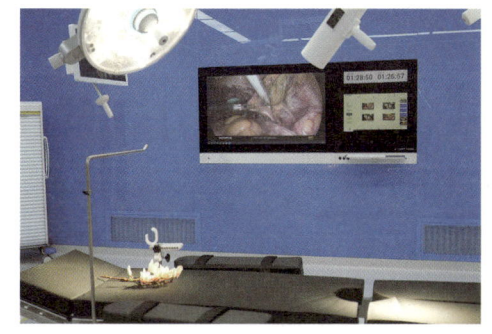

附录二图22 手术室数字化平台

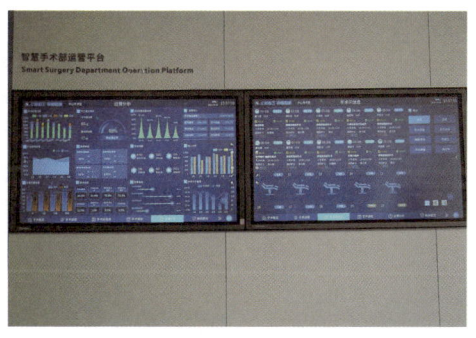

附录二图23 围术期患者全进程闭环管理平台

场景1:换鞋区/更衣区

(1) 技术应用:智能准入、手术专用衣鞋领用、衣鞋柜智能分配管理。

(2)功能亮点:IC卡、人脸、手机NFC、指纹等多种身份识别,55寸可视化人机交互终端、信息发布互动平台。打通医疗网业务数据、安防网门禁权限,结合手术排班实现人员精准管控。

(3)主要技术:人脸识别、NFC、RFID、网络安全技术。

场景2:洁净走廊

(1)技术应用:通过语音合成,利用背景音乐系统配套语音呼叫服务器,通过网络实现一键呼叫。

(2)功能亮点:通过语音合成,利用背景音乐系统配套语音呼叫服务器,一键呼叫,操作流程简单、灵活便利。

(3)主要技术:语音合成、网络安全技术。

场景3:手术室

(1)技术应用:手术室信息对接,设备对接,信息展示。

(2)功能亮点:在手术间内部署基于交互式大屏的手术医生站,手术过程中为手术医生提供所关注手术患者的关键医学影像信息、检查检验结果数据和术野、全景、医疗设备信号,方便医生、护士查看各项内容。

(3)主要技术:信息集成、设备集成。

场景4:护士站

(1)技术应用:通过物联网技术实现对空调系统、医气系统、电气系统、冷热源系统智能远程监控。

(2)功能亮点:对手术室区域内的温度、湿度、风速等数据实施远程监控、自动报警,智能发现问题,减少隐患风险。

(3)主要技术:设备集成、自动化控制、移动应用、数据分析。

场景5:中控室

(1)技术应用:基于患者的围术期全进程追踪、全过程核查。

(2)功能亮点:手术质量过程追溯、手术过程表单质量核查、手术活动时间戳、手术过程安全核查、手术护理活动以及预警信息快速转发等。

(3)技术要点:数据采集技术、数据中心、大数据分析技术、数据分发技术。

典型系统平台

物联网平台

基于物联网技术,将手术室门禁、医疗行为、数字化手术室、环控、净化、设备定位等相关系统的传感器终端进行互联与集成,作为手术室运营管理的数据支撑。

即时通信平台

在医院内部局域网络内私有化部署即时通信平台,为手术护理与安全管理系统、一体化手术排程和调度平台、工勤人员管理系统等应用系统提供文字消息、语音消息、图片消息、图文消息、文件消息、位置消息、小视频消息、合并转发消息、命令消息、自定义消息的发送和接收。医护人员之间可通过个人数字助理(Personal Digital Assistant,PDA)、移动平板、智慧屏、交互式大屏等终端实现双方或多方即时通信。

一体化手术排程和调度平台

一体化手术排程和调度平台面向护士长等手术管理人员,基于平板等设备,整体提供手术排程、人员排班、移动查房、动态调度等功能,提高手术应急指挥调度能力,促进手术间使用率和手术量的提升。可基于用户提供的排程、排班规则,实现业务的智能化,减轻排程、排班压力。

一体化手术排程与调度平台集排程、排班、调度一体化设计,其高效智能排程排班功能可减轻工作量,而动态查房调度可提升手术容量和应急安排能力,还支持跨区安排和手术取消的闭环管理。

智慧手术运营平台

智慧手术运营平台各项前端应用以手术运营数据中心为数字底座。集成手术相关系统数据,实施数据治理,建立智慧手术基础数据和指标数据,为手术各类业务应用、数据服务提供标准数据支撑和管理、展现平台。在汇集全部手术相关数据的基础上,经基于场景化的数据治理、基于手术运营指标体系的指标化处理,解决数据缺项、信息不完整、数据错误、多源数据冲突、表达不规范等普遍存在的数据处理难题,实现手术数据的一致化、规范化,提升数据质量。

案例 G　南方医院惠侨医疗中心

南方医科大学南方医院惠侨医疗中心（以下简称"惠侨楼"），创办于1979年10月，前身是第一军医大学南方医院惠侨科，是全国开办最早、规模最大、收治海外患者最多的涉外特需医疗服务机构之一。

惠侨楼自创办至今，赢得了社会各界的广泛赞誉，曾被誉为"卫生界南京路上好八连""军中特区""传播精神文明的窗口"等；1995年被中央军委授予"模范医疗惠侨科"荣誉称号，时任国家主席曾亲笔为惠侨楼题词："救死扶伤、无私奉献，艰苦奋斗、永葆本色。"

2020年4月，惠侨新楼正式投入运营。大楼位于南方医院北部，总建筑面积约为6.3万 m^2，整座建筑由地下一层、地上十二层组成，其中二至五层为医技科室，六至十二层为科研和教学用房。新楼的启用进一步推动医院与国际医疗机构的合作与交流，提升区域内的医疗水平和服务能力，可为海内外客户提供高端、私密、快捷、优质的医疗服务，同时也为粤港澳大湾区的发展提供有力的医疗支撑。对于提升医疗服务质量、满足多元化医疗需求、促进区域医疗发展等方面都具有重要意义。

本次建设的智慧手术部项目位于惠侨楼四层手术中心，共设六间独立手术室（含Ⅰ级手术室1间、Ⅲ级手术室5间），设置有一体化机器人手术室、手术智能数字化系统、智能设备管理系统等多应用场景。

典型场景功能

具体应用亮点及场景如下（附录二图24、附录二图25）。

场景1：医护入口

（1）技术应用：手术衣鞋智能识别存取及医护行为管控。

（2）功能亮点：手术衣鞋智能发放、回收及追溯，并进行多维度分析，为医院辅助管理决策提供数据支持。

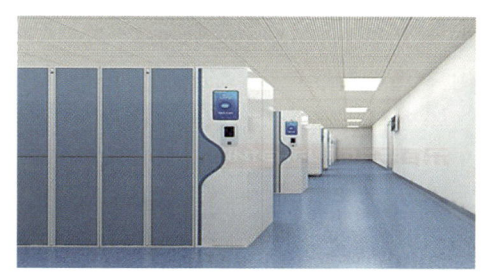 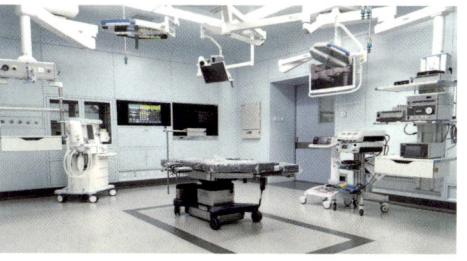

附录二图 24　医护入口　　　　　　附录二图 25　数字一体化手术室

（3）主要技术：人脸识别、NFC、RFID、网络安全。

场景 2：数字一体化手术室

（1）技术应用：高清摄像、医用显示成像、光纤无压缩视频传输、视音频同步、5G。

（2）功能亮点：①高效集成控制，通过触摸屏等集成控制设备，手术室内的各种设备（如手术灯、手术床、内窥镜、音响系统等）均可实现集中控制，大大简化了手术准备和操作流程，提高了手术室的使用效率。②全面信息共享，实时共享手术视频和医学影像资料，支持全高清手术直播，便于远程教学和会诊。同时，全面整合手术周边信息接入（如腔镜、超声、术中影像、PACS、EMR、LIS 等），实现任意路由切换，为手术医生提供全面的患者信息和影像支持。③智能化辅助系统，配备麻醉专家咨询及预警系统，提高麻醉质量，减少麻醉意外。同时，通过手术导航系统，实现精确的手术定位和导航，降低手术风险。④远程手术操作，利用互联网和通信技术，实现远程手术操作和指导，打破了地域限制，提高了医疗资源的利用效率。⑤数据记录与分析，对手术过程进行全程记录和分析，提供远程在线的医疗教学，为医生提供科学的诊疗依据，同时也为医院管理提供了有效的数据支持。所有手术室资料统一管理，全院调用，为医院建立手术质量控制平台提供内容支撑，提升管理效率、安全、培训等。

（3）主要技术：IoT、自动化控制技术、远程手术技术、机器人手术辅助系统。

典型系统平台

洁净室智能设备管理系统平台是一个集成了智能化技术、数据监控与远程控制的综合性管理平台，系统包含有冷热源子系统、医气子系统、净化空调子系统、电气子系统、集中管理触摸屏、设备智能维护管理平台、云服务器及移动应用管理系统等多个管理子系统,可全方位、实时采集并显示洁净室内的各项环境参数,如温湿度、洁净度、压差以及洁净室相关系统的气体压力、用电负荷、运行状态等。通过高精度的传感器和数据处理技术,确保管理人员能够随时掌控洁净室的运行状况。该平台有助于及时发现并处理潜在的环境问题,确保洁净室的环境参数始终保持在预设范围内,实现对洁净室内环境参数及设备的精确管理和高效运行,降低了能耗成本和人力成本,为医院的高质量运行提供了有力支持。

案例 H　四川大学华西天府医院

四川大学华西天府医院(以下简称"华西天府医院")是由四川天府新区管委会与四川大学华西医院(以下简称"华西医院")按照"政府主导、品牌引领、资源共享、共建共赢"原则合作、按三级甲等医院标准建设的综合性公立医院。医院建成于2021年,坐落于公园城市首提地——四川天府新区,总投资额约40亿元,总建筑面积约26.1万 m²,设置床位1 200张、手术室66间、停车位2 000个,是一所由华西医院按同质化模式全面运营管理的、学科门类齐全的现代化智慧医院。

典型场景功能

华西天府医院本次建设手术室66间,从"安全、信息、数字手术、运营效率、科研交流、综合管理"六个维度融合考量,服务手术过程,满足手术空间整合、设备控制整合、业务开展和手术运营管理等需求进行整体规划设计(附录二图26、附录二图27)。

场景：手术间

(1) 技术应用:设备及信息集

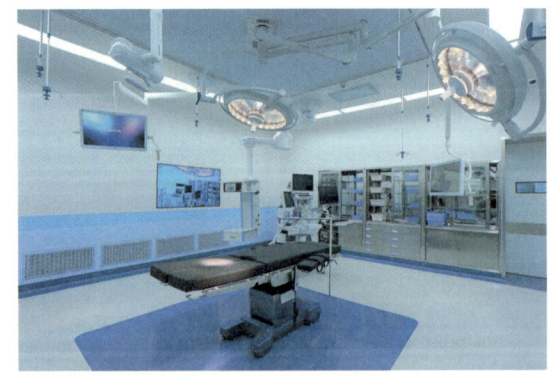

附录二图26　手术室

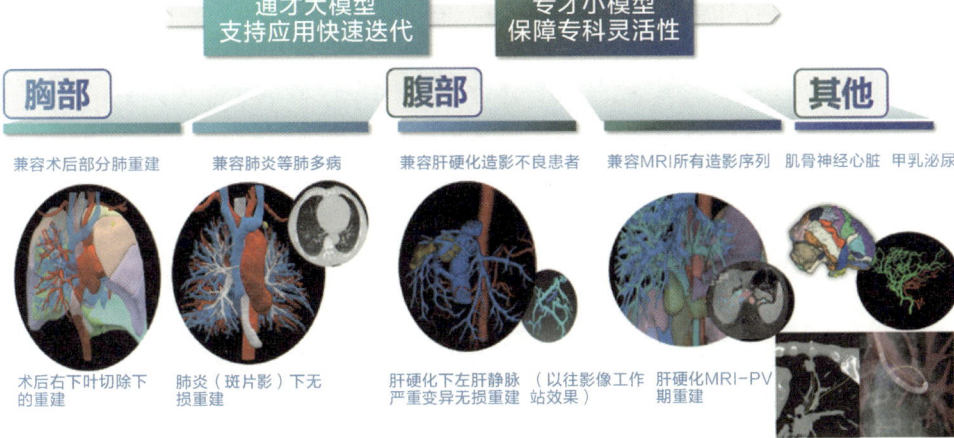

附录二图 27　AI 智能手术辅助

成、手术直播及教学、AI 智能辅助。

（2）功能亮点：①数字手术记录，包含患者基本信息、HIS/LIS/放射科信息系统（Radiology Information System，RIS）等数据、PACS 等图片数据，以及手术过程照片、操作重点视频、解说语音等，形成完整的治疗过程记录与复现。②手术直播及教学，手术室数字化可以实时进行高清晰度手术直播和转播，增强了日益频繁和广泛的跨区域医疗机构、专家学者之间的学术交流和联系，能很好地帮助医疗工作者了解学科前沿。③AI 智能手术辅助，基于强大的医学图像后处理以及 AI 算法能力为外科手术室医生提供快速、精准、个性化的三维重建地图，判断病灶与周围血供情况，为医生提供便捷、智能的术中手术导航地图，有助于提高临床治疗实践的安全性，推动精准外科手术达到新高度。

典型系统平台

可视化手术记录平台

可视化手术记录平台（附录二图 28）是将手术过程中的关键过程图片、视频、语音插入电子病历，并且可以对其进行集中保存、存储，编辑和应用。

数字手术融合平台

数字手术融合平台是将手术知识、手术路径、手术操作、回顾及手术规划全程数字化，可用于手术标准化流程和手术质量管理。

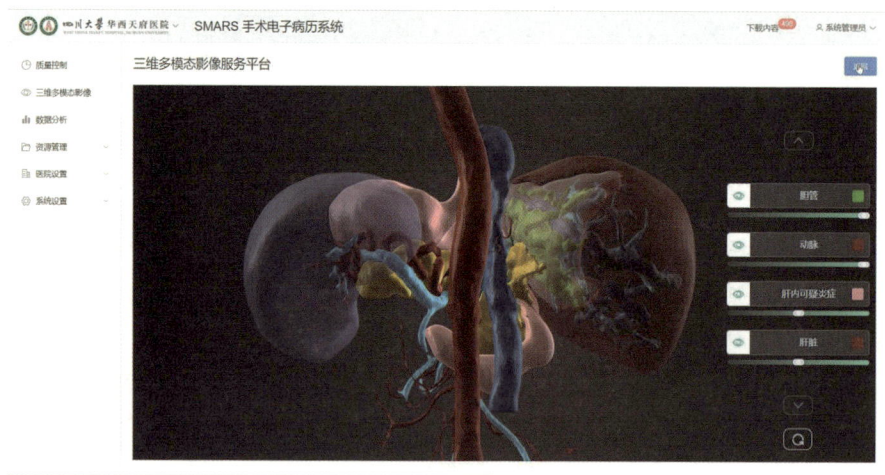

附录二图 28　可视化手术记录平台

案例 I　厦门大学附属心血管病医院

厦门大学附属心血管病医院(第二名称为"厦门市心脏中心",以下简称"厦心")成立于 2001 年,是厦门市委、市政府全力打造的优质医疗品牌,福建省唯一的公立三级心血管病专科医院。经过 20 余年的创新发展,已成为区域内最具影响力的复杂疑难急危重症心血管疾病诊疗中心,超过七成的患者来自厦门以外,获批委省共建国家心血管病区域医疗中心、国家心血管疾病临床医学研究中心分中心和公立医院高质量发展省级示范医院。医院设计全面汲取国际前沿理念,软硬件均对标国际一流,获评中国建设工程鲁班奖、"中国最美医院"和"第三届中国美好医院建设示范奖"。厦心项目位于福建省厦门市湖里区金山路 2999 号,地处厦门"会客厅"五缘湾片区,总占地面积 23 175.92 m²,建筑面积 87 044.2 m²,核定床位 600 张。

本次建设的智慧手术部项目位于厦心一期,建筑面积约 4 800 m²,设置各类手术间15间,其中包括:10间介入导管室(2间为杂交手术室,1间为急诊导管室)、5间层流心外科手术室。采用中央岛式设计理念打造日不落介入手术室,结合数字信息化手术室、净化空调智能控制系统、手术行为管理系统、智能药车系统、医疗器械唯一标识(Unique Device Identification,UDI)、5G+VR心血管介入手术教学平台、"人工智能+"医用手术机器人等多个手术部智慧场景。

典型场景功能

场景1:空调机房

(1) 功能亮点:①通过统一冷热源的设置,减少了净化系统区域重复设置整套冷热源系统,节约了投资成本,同时通过主机系统的冗余备份设计,降低故障停机风险。②系统引入先进过程控制(Advanced Process Control,APC)技术,通过多变量控制技术优化系统机组运行参数,实现"1+1>2"的控制及节能效果(附录二图29)。③采用智能启停技术,根据手术室使用状态进入节能模式,降低机组动作频率,实现节能降耗,同时延长设备使用寿命。

(2) 主要技术:包括蓄热式燃烧法(Regenerative Thermal Oxidizers,RTO)控制技术和先进过程控制(Advanced Process Control,APC)技术。

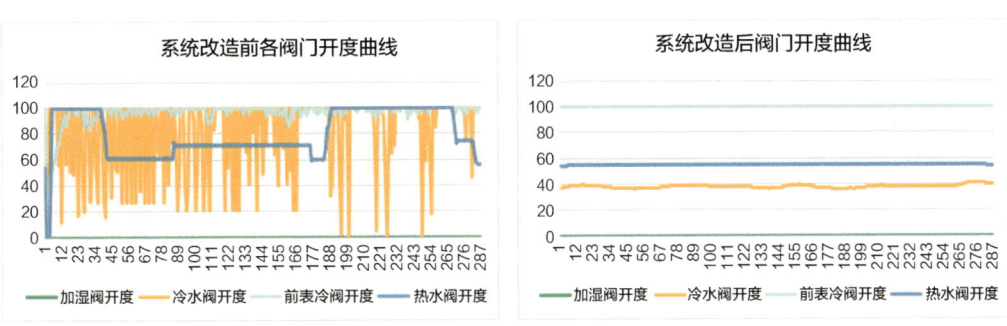

附录二图29 系统改造前后各阀门开度曲线

场景2:高值耗材库

(1) 功能亮点:福建省首家全线执行UDI扫码的医院(附录二图30),完成国家数据库与院内全流程的对接,实现全主体覆盖、全业务贯通、全链条闭环、全周期监管、全方位服务、全社会共享。

(2) 主要技术:条形码、RFID。

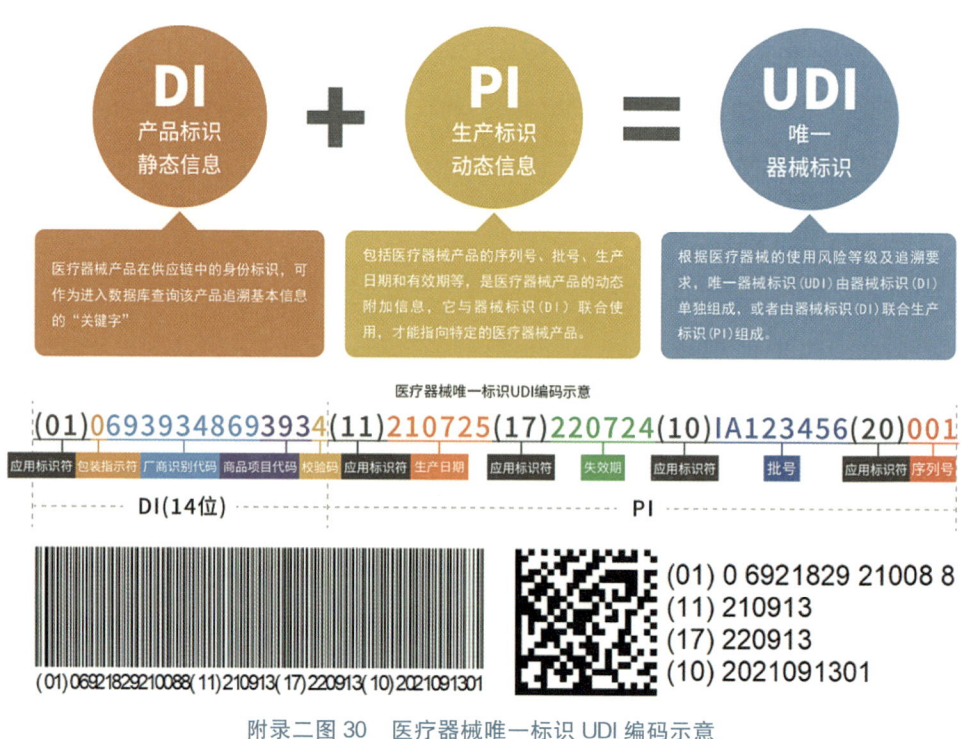

附录二图 30　医疗器械唯一标识 UDI 编码示意

场景 3：手术室

（1）功能亮点：①提高手术精度和安全性，通过可量化的操作指令，精确控制器械运动，确保手术执行一致性；通过系统操作安全边界的设置，减少术中并发症。②减少手术时间和辐射，通过 AI 提炼最优手术操作参数，形成专家辅助模型，加快手术进程，减少患者术中暴露于 X 射线等辐射的时间。③实现手术规划模拟：通过 AI 辅助医生进行术前手术模拟学习及步骤规划，理解并掌握复杂术式，提高手术成功率，缩短医生学习曲线。④推动远程医疗，结合高速网络技术实现介入手术远程执行，协助指导当地专科医生，提高复杂介入术式可及性，推动优质医疗资源下沉。⑤助力专业人才培养，将传统介入手术数字化、智能化，大幅缩短医生掌握瓣膜疾病治疗的学习周期，从供给侧为社会培养出更多专业医生，让更多患者得到及时有效的救治。

（2）主要技术：AI 技术，5G＋远程医疗，高精度自控技术（附录二图 31）。

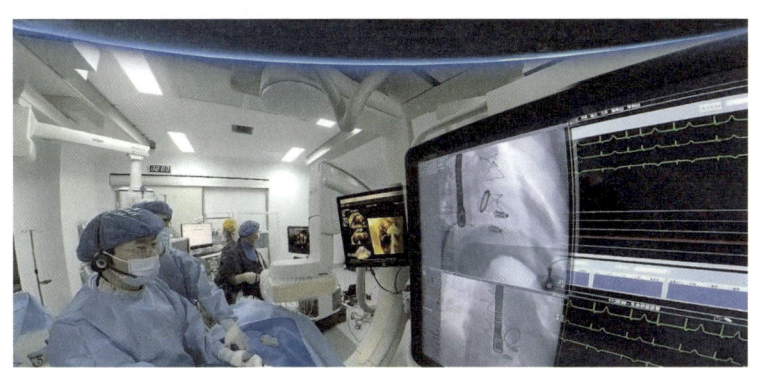

附录二图 31　手术室

典型系统平台

空调系统运维管理平台

空调系统运维管理平台是针对包括手术室层流净化空调在内的整个空调系统设计一套运行、维护、管理软件。平台基于物联网技术、传感器技术、信息集成技术,建立运维操作平台,实现对机组运行情况、科室环境情况、能耗情况、故障维护情况的全方位管理。

麻醉临床信息系统

通过麻醉临床信息系统的建设,规范麻醉科、监护病房和手术室的工作流程,实现对麻醉过程管理,从而提高整个麻醉、护理、手术管理工作的水平。

手术护理管理系统

手术室护理管理系统以手术患者为主线,不仅可以为医护人员开展临床业务提供良好的技术支撑,也可以为全程护理管理提供许多崭新的临床手段,达到提高手术患者治愈率和满意度、降低院内感染的目的。

5G＋VR 心血管介入手术教学平台

5G＋VR 心血管介入手术教学平台在医共体之间、院内科室之间、医学联盟之间、高校与医院之间构建了完整的会诊查房、手术示教、影像诊断、多学科联合会诊(Tultidisciplinary Team,MDT)、视频会议、资源中心等多学科远程协同场景。

附录三 医院智慧化建设相关支持政策

[A] 顶层规划

(1) 中共中央 国务院《"健康中国 2030"规划纲要》

(2) 国发〔2019〕13 号《国务院关于实施健康中国行动的意见》

(3) 国家卫生健康委、健康中国行动推进委员会《健康中国行动（2019—2030 年）》

(4) 国办发〔2019〕32 号《国务院办公厅关于印发健康中国行动组织实施和考核方案》

(5)《中华人民共和国国民经济和社会发展第十四个五年规划和 2035 年远景目标纲要》

(6) 国办发〔2021〕18 号《国务院办公厅关于推动公立医院高质量发展的意见》

(7) 中共中央 国务院《质量强国建设纲要》

(8) 中共中央办公厅 国务院办公厅《关于进一步完善医疗卫生服务体系的意见》

(9) 中共中央 国务院《数字中国建设整体布局规划》

[B] 专项政策与行动计划

(1) 国卫医发〔2018〕37 号《关于印发全面提升县级医院综合能力工作方案（2018—2020 年）的通知》

(2) 国办发〔2018〕26 号《国务院办公厅关于促进"互联网＋医疗健康"发展的意见》

(3) 国卫规划发〔2018〕22 号《关于深入开展"互联网＋医疗健康"便民惠民活动的通知》

(4) 国卫规划发〔2018〕23 号《关于印发国家健康医疗大数据标准、安全和服务管理办法(试行)的通知》

(5) 国卫办医发〔2018〕20 号《关于进一步推进以电子病历为核心的医疗机构信息化建设工作的通知》

(6) 国卫办医函〔2018〕1079 号《关于印发电子病历系统应用水平分级评价管理办法(试行)及评价标准(试行)的通知》

[C] 其他相关政策

(1) 国卫医发〔2018〕21 号《关于印发加强和完善麻醉医疗服务意见的通知》

(2) 国卫办医发〔2018〕5 号《关于进一步加强患者安全管理工作的通知》

(3) 国卫医发〔2018〕8 号《关于印发医疗质量安全核心制度要点的通知》

(4) 国卫基层函〔2019〕121 号《关于推进紧密型县域医疗卫生共同体建设的通知》

(5) 国卫办医函〔2019〕884 号《国家卫生健康委办公厅关于印发麻醉科医疗服务能力建设指南(试行)的通知》

(6) 发改社会〔2020〕735 号《关于印发公共卫生防控救治能力建设方案的通知》

(7) 发改社会〔2020〕735 号《关于印发公共卫生防控救治能力建设方案的通知》

(8) 国卫办医发〔2020〕11 号《国家卫生健康委办公厅关于进一步加强医疗机构护理工作的通知》

(9) 国卫办规划函〔2021〕302 号《国家卫生健康委办公厅关于学习宣传贯彻〈综合医院建设标准〉的通知》

(10) 国卫办医函〔2021〕538 号《国家卫生健康委办公厅关于印发"千县工程"县医院综合能力提升工作方案(2021—2025 年)的通知》

附录四 智慧手术部场景建设点位预留建议

附录四表1 智慧手术部场景建设强弱电点位预留建议

场景		点位位置	点位数量	一般距地高度
手术区	手术室	各终端设备	各1个	依实际情况
		麻醉、外科/腔镜吊塔	各4个	依实际情况
		全景相机	1个	依实际情况
	预麻室	麻醉工作站	各1个	1 500 mm
		显示大屏	1个	1 500 mm
	复苏室	复苏麻醉工作站	各1个	1 500 mm
		显示大屏	1个	1 500 mm
	麻醉重症监护病房	AICU麻醉工作站	各1个	1 500 mm
		显示大屏	1个	1 500 mm
	护士站	手术监测终端	1个	300 mm
		显示大屏	各1个	1 500 mm
	洁净走廊	各终端设备	各1个	1 500 mm
	污物走廊	—	若干	300 mm
	精麻药品库房	精麻药品计数存放柜	各1个	300 mm
		精麻药品冷藏柜	各1个	300 mm
	高值耗材室	高值耗材柜	各1个	300 mm
		水平回转库	各1个	300 mm
	无菌器械室	每层设备开口处	各4个	300 mm
	拆包间	—	1个	300 mm
	医疗设备间	物联网基站处	各1个	依实际情况
	病理标本室	—	1个	300 mm
	换鞋区	智能发鞋机	各1个	300 mm
		智能存鞋柜主机	各1个	1 900 mm

附录四　智慧手术部场景建设点位预留建议

（续表）

场景		点位位置	点位数量	一般距地高度
手术区	更衣区	智能收发衣机	各1个	1 900 mm
		智能存衣柜主柜	各1个	1 900 mm
	医护入口	手术部准入终端	各1个	1 500 mm
	洗手区	各终端设备	各1个	1 000 mm
	手术患者出入口	患者信息核对终端	各1个	1 500 mm
	手术室谈话间	各终端设备	各1个	300 mm
	家属等候区	专用显示屏	各1个	1 900 mm
办公生活区	专家办公室	—	1个	300 mm
	医生办公室	—	1个	300 mm
	示教会议室	—	1个	300 mm
	值班室	—	1个	1 500 mm
	—	显示大屏	1个	1 500 mm
	工作人员休息区	餐饮管理系统	1个	300 mm
	管理中心	—	若干	300 mm

参考文献

[1] BELLINI V, RUSSO M, DOMENICHETTI T, et al. Artificial intelligence in operating room management[J]. Journal of Medical Systems, 2024, 48(1): 19.

[2] CHOOCH. Unleashing Generative AI for Streamlined Healthcare Operations[EB/OL]. [2024-10-16]. https://www.chooch.com/blog/unleashing-generative-ai-for-streamlined-healthcare-operations.

[3] CLEVELAND CLINIC. Da Vinci Surgery[EB/OL]. [2024-10-16]. https://my.clevelandclinic.org/health/treatments/16908-da-vinci-surgery.

[4] HANSSEN I, SMITH JACOBSEN I L, SKRÅMM S H. Non-technical skills in operating room nursing: Ethical aspects[J]. Nursing ethics, 2020, 27(5): 1364-1372.

[5] HASLINK. Smart operating theatres emphasise people-oriented spirit[EB/OL]. [2024-10-16]. https://www3.ha.org.hk/ehaslink/issue116/en/cover-story-4.html.

[6] IMEDTAC. Revolutionizing Surgery: The Rise of Smart Operating Rooms[EB/OL]. [2024-10-16]. https://www.imedtac.com/en/news/revolutionizing-surgery-the-rise-of-smart-operating-rooms.

[7] JAPANGOV. Cutting-edge Operating Theater Connected by IoT[EB/OL]. [2024-10-16]. https://www.japan.go.jp/tomodachi/2020/earlysummer2020/smart_treatment_room.html.

[8] JARED MUELLER. Robotics and the Future of Medicine: Interview with Mayo Clinic's Dr. Mathew Thomas and Rachel Rutledge[EB/OL]. [2024-10-16]. https://innovationexchange.mayoclinic.org/robotics-and-the-future-of-medicine.

[9] JUDY. Siegel-Itzkovich. Israel opens first 'smart operating room' that manages inventory [EB/OL]. [2024-10-16]. https://www.jpost.com/health-and-wellness/article-729641.

[10] KBR. Metaverse in operating room is changing medicine rapidly[EB/OL]. [2024-10-16]. https://www.koreabiomed.com/news/articleView.html?idxno=11477#:~:text=Metavers.

[11] LATERZA V, MARCHEGIANI F, AISONI F, et al. Smart Operating Room in Digestive Surgery: A Narrative Review[J]. Healthcare (Basel), 2024, 12(15): 1530.

[12] LEVINA A, ILIN I, GUGUTISHVILI D, et al. Towards a smart hospital: Smart

infrastructure integration[J]. Journal of Open Innovation: Technology, Market, and Complexity, 2024, 10(3): 100339.

[13] LUIS TRUNK DE FLORES. An Intelligent Platform for the Operating Room of the Future [EB/OL]. [2024-10-16]. https://news.sap.com/2020/02/op-41-operating-room-future.

[14] MAYO CLINIC. Surgery Overview[EB/OL]. [2024-10-16]. https://www.mayoclinic.org/departments-centers/mayo-clinic-surgery/sections/overview/ovc-20475393.

[15] MIT Technology Review. What using artificial intelligence to help monitor surgery can teach us [EB/OL]. [2024-10-16]. https://www.technologyreview.com/2024/06/11/1093484.

[16] MONA FLORES. Brains of the Operation: Atlas Meditech Maps Future of Surgery With AI, Digital Twins[EB/OL]. [2024-10-16]. https://blogs.nvidia.com/blog/atlas-meditech-brain-surgery-ai-digital-twins.

[17] Nature portfolio. A new era of robotic-assisted surgery[EB/OL]. [2024-10-16]. https://www.nature.com/articles/d42473-021-00164-w.

[18] NETMANIAS. KT and Samsung Medical Center to Build 5G Smart Hospital[EB/OL]. [2024-10-16]. https://www.netmanias.com/en/post/korea_ict_news/14577.

[19] REPUBLIQUE FRANCAISE. Twinical, the GPS for surgeons[EB/OL]. (2023-11-29). [2024-10-16]. https://www.inria.fr/en/twinical-digital-twin-health-modelling-simulation.

[20] RYAN PADILLA. 5 Things Every Smart Operating Room Should Prioritize-Surgery[EB/OL]. [2024-10-16]. https://hitconsultant.net/2023/01/30/5-things-every-smart-or-should-prioritize.

[21] SAM LARIOS. New technologies for hospital operating rooms. A quick overview[EB/OL]. [2024-10-16]. https://www.linkedin.com/pulse/new-technologies-hospitals-operating-rooms-quick-overview-sam-larios-3up8c.

[22] SARAH GOEHRKE. 3D Printed Models in the Operating Room: 3D Systems Brings Technology to Surgeons[EB/OL]. [2024-10-16]. https://3dprint.com/159082/3ds-healthcare-models.

[23] SEAGULL F J, MOSES G R, PARK A E. Pillars of a smart, safe operating room [J]. 2011.

[24] SHEZ PARTOVI. Bridging gaps in healthcare: three key takeaways from the 2024 Future Health Index[EB/OL]. [2024-10-16]. https://www.philips.com/a-w/about/news/archive/blogs/innovation-matters/2024/bridging-gaps-in-healthcare-three-key-takeaways-from-the-2024-future-health-index.

[25] THOUGHTWIRE. What is a Smart Hospital Digital Twin[EB/OL]. [2024-10-16]. https://blog.thoughtwire.com/what-is-a-smart-hospital-digital-twin.

[26] 陈秀梅,袁明勇,傅洪.基于数字化手术室的临床信息共享平台建设[J].医学信息学杂志, 2016,37(3):27-30+45.

[27] 郭丽,何丽,等.《智能手术部管控系统》专家共识(一)[J].中国医疗设备,2021,36(7):4-8.

[28] 国家卫生健康委办公厅.国家卫生健康委办公厅关于进一步完善预约诊疗制度加强智慧医

院建设的通知[EB/OL].(2020-05-21). https://www.gov.cn/zhengce/zhengceku/2020-05/22/content_5513897.htm.

[29] 上海交通大学医学院附属瑞金医院,等.革故鼎新,百舸争流:中国智慧手术室发展与实践白皮书[EB/OL].[2024-09-29]. https://www.lek.com/zh-hant/insights/hea/cn/sr/embracing-change-development-and-practices-smart-operating-rooms-china.

[30] 上海申康医院发展中心,上海同济医院,等.上海市级医院智慧后勤管理系统建设与运维指南[M].上海:同济大学出版社,2020.

[31] 王靖燕,彭丽红,陈静琦,等.基于数字化手术室的临床信息共享平台建设[J].手术室护理学,2020,19(5):58-60.

[32] 王鸣威,李陵.手术室设备管理系统研究与设计[J].中国信息化,2019,37(8):51-52.

[33] 卫国家卫生健康委,国家中医药管理局.关于印发公立医院高质量发展促进行动(2021—2025年)的通知[EB/OL].(2021-09-14). https://www.gov.cn/zhengce/zhengceku/2021-10/14/content_5642620.htm.

[34] 邢鲁民.智能化流程管理系统对手术室质量的改善效果[J].中国卫生标准管理,2022,12(12):23-25.

[35] 杨鹏,张普宁,吴大鹏,等.物联网:感知、传输与应用[M].上海:同济大学出版社,2017.

[36] 张建忠,陈梅,李永奎,等.新型技术在智慧医院工程全生命周期中的应用[M].上海:同济大学出版社,2021.

[37] 张娜,陈红,吴波,等.手术室综合运营态势系统的开发及应用[J].中国数字医学,2022,17(10):92-96.

[38] 张哲浩,韩红彬,马国峰,等.精细化管理在二级医院医用耗材管理的应用研究[J].中国卫生产业,2020,17(11):40-42+45.

[39] 赵林.数字化手术室的建设及管理[J].齐鲁护理杂志,2019,25(2):7-8.

[40] 中华人民共和国住房和城乡建设部,中华人民共和国国家质量监督检验检疫总局.医院洁净手术部建筑技术规范:GB 50333—2013[S].北京:中国建筑工业出版社,2013.